石桥营造技艺

石桥营造技艺

总主编 金兴盛

浙江省非物质文化遗产代表作丛书

浙江摄影出版社

杨志强 主编

罗关洲 陈晓 陈国桢 编著

总　序

中共浙江省省委书记
省人大常委会主任　夏宝龙

　　非物质文化遗产是人类历史文明的宝贵记忆，是民族精神文化的显著标识，也是人民群众非凡创造力的重要结晶。保护和传承好非物质文化遗产，对于建设中华民族共同的精神家园、继承和弘扬中华民族优秀传统文化、实现人类文明延续具有重要意义。

　　浙江作为华夏文明发祥地之一，人杰地灵，人文荟萃，创造了悠久璀璨的历史文化，既有珍贵的物质文化遗产，也有同样值得珍视的非物质文化遗产。她们博大精深，丰富多彩，形式多样，蔚为壮观，千百年来薪火相传，生生不息。这些非物质文化遗产是浙江源远流长的优秀历史文化的积淀，是浙江人民引以自豪的宝贵文化财富，彰显了浙江地域文化、精神内涵和道德传统，在中华优秀历史文明中熠熠生辉。

　　人民创造非物质文化遗产，非物质文化遗产属于人民。为传承我们的文化血脉，维护共有的精神家园，造福子孙后代，我们有责任进一步保护好、传承好、弘扬好非物质文化遗产。这不仅是一种文化自觉，是对人民文化创造者的尊重，更是我们必须担当和完成好的历史使命。对我省列入国家级非物质文化遗产保护名录的项目一项一册，编纂"浙江省非物质文化遗产代表作丛书"，就是履行保护传承使命的具体实践，功在当代，惠及后世，有利于群众了解过去，以史为鉴，对优秀传统文化更加自珍、自爱、自觉；有利于我们面向未来，砥砺勇气，以自强不息的精神，加快富民强省的步伐。

党的十七届六中全会指出，要建设优秀传统文化传承体系，维护民族文化基本元素，抓好非物质文化遗产保护传承，共同弘扬中华优秀传统文化，建设中华民族共有的精神家园。这为非物质文化遗产保护工作指明了方向。我们要按照"保护为主、抢救第一、合理利用、传承发展"的方针，继续推动浙江非物质文化遗产保护事业，与社会各方共同努力，传承好、弘扬好我省非物质文化遗产，为增强浙江文化软实力、推动浙江文化大发展大繁荣作出贡献！

（本序是夏宝龙同志任浙江省人民政府省长时所作）

前 言

浙江省文化厅厅长　金兴盛

　　国务院已先后公布了三批国家级非物质文化遗产名录，我省荣获"三连冠"。国家级非物质文化遗产项目，具有重要的历史、文化、科学价值，具有典型性和代表性，是我们民族文化的基因、民族智慧的象征、民族精神的结晶，是历史文化的活化石，也是人类文化创造力的历史见证和人类文化多样性的生动展现。

　　为了保护好我省这些珍贵的文化资源，充分展示其独特的魅力，激发全社会参与"非遗"保护的文化自觉，自2007年始，浙江省文化厅、浙江省财政厅联合组织编撰"浙江省非物质文化遗产代表作丛书"。这套以浙江的国家级非物质文化遗产名录项目为内容的大型丛书，为每个"国遗"项目单独设卷，进行生动而全面的介绍，分期分批编撰出版。这套丛书力求体现知识性、可读性和史料性，兼具学术性。通过这一形式，对我省"国遗"项目进行系统的整理和记录，进行普及和宣传；通过这套丛书，可以对我省入选"国遗"的项目有一个透彻的认识和全面的了解。做好优秀传统文化的宣传推广，为弘扬中华优秀传统文化贡献一份力量，这是我们编撰这套丛书的初衷。

地域的文化差异和历史发展进程中的文化变迁，造就了形形色色、别致多样的非物质文化遗产。譬如穿越时空的水乡社戏，流传不绝的绍剧，声声入情的畲族民歌，活灵活现的平阳木偶戏，奇雄慧黠的永康九狮图，淳朴天然的浦江麦秆剪贴，如玉温润的黄岩翻簧竹雕，情深意长的双林绫绢织造技艺，一唱三叹的四明南词，意境悠远的浙派古琴，唯美清扬的临海词调，轻舞飞扬的青田鱼灯，势如奔雷的余杭滚灯，风情浓郁的畲族三月三，岁月留痕的绍兴石桥营造技艺，等等，这些中华文化符号就在我们身边，可以感知，可以赞美，可以惊叹。这些令人叹为观止的丰厚的文化遗产，经历了漫长的岁月，承载着五千年的历史文明，逐渐沉淀成为中华民族的精神性格和气质中不可替代的文化传统，并且深深地融入中华民族的精神血脉之中，积淀并润泽着当代民众和子孙后代的精神家园。

岁月更迭，物换星移。非物质文化遗产的璀璨绚丽，并不意味着它们会永远存在下去。随着经济全球化趋势的加快，非物质文化遗产的生存环境不断受到威胁，许多非物质文化遗产已经斑驳和脆弱，假如这个传承链在某个环节中断，它们也将随风飘逝。尊重历史，珍爱先人的创造，保护好、继承好、弘扬好人民群众的天才创造，传承和发展祖国的优秀文化传统，在今天显得如此迫切，如此重要，如此有意义。

非物质文化遗产所蕴含着的特有的精神价值、思维方式和创造能力，以一种无形的方式承续着中华文化之魂。浙江共有国家级非物质文化遗产项目187项，成为我国非物质文化遗产体系中不可或缺的重要内容。第一批"国遗"44个项目已全部出书；此次编撰出版的第二批"国遗"85个项目，是对原有工作的一种延续，将于2014年初全部出版；我们已部署第三批"国遗"58个项目的编撰出版工作。这项堪称工程浩大的工作，是我省"非遗"保护事业不断向纵深推进的标识之一，也是我省全面推进"国遗"项目保护的重要举措。出版这套丛书，是延续浙江历史人文脉络、推进文化强省建设的需要，也是建设社会主义核心价值体系的需要。

在浙江省委、省政府的高度重视下，我省坚持依法保护和科学保护，长远规划、分步实施，点面结合、讲求实效。以国家级项目保护为重点，以濒危项目保护为优先，以代表性传承人保护为核心，以文化传承发展为目标，采取有力措施，使非物质文化遗产在全社会得到确认、尊重和弘扬。由政府主导的这项宏伟事业，特别需要社会各界的携手参与，尤其需要学术理论界的关心与指导，上下同心，各方协力，共同担负起保护"非遗"的崇高责任。我省"非遗"事业蓬勃开展，呈现出一派兴旺的景象。

"非遗"事业已十年。十年追梦，十年变化，我们从一点一滴做起，一步一个脚印地前行。我省在不断推进"非遗"保护的进程中，守护着历史的光辉。未来十年"非遗"前行路，我们将坚守历史和时代赋予我们的光荣而艰巨的使命，再坚持，再努力，为促进"两富"现代化浙江建设，建设文化强省，续写中华文明的灿烂篇章作出积极贡献！

2013年11月20日

目录

序言 // PREFACE

　　绍兴是我国历史文化名城之一。古为越国，境内水道纵横，有水乡水城之誉。因水而有桥，绍兴最早的石桥，见之于史籍记载的为灵汜桥，始建于越王句践之时。此后，代有新建，代有重建。

　　绍兴的石桥营造技艺应追溯到春秋战国时期，因铁质工具的出现，使石桥营造进入了石梁桥的创始时期。秦、汉、三国两晋时期，绍兴石桥已进入了石拱桥发展时期。唐、宋时期，当时绍兴的运河驿路畅通，工商业发达，使石桥营造技艺不断提高，绍兴石桥的发展也进入全盛时期。清代，石桥营造技艺发展到鼎盛时期。

　　绍兴石桥营造技艺独特，部分石桥（如八字桥、广宁桥、迎仙桥等）的营造技艺为国内罕见，桥梁形式多样，形成了极为系统的技术体系，在各个不同时期都处于全国领先水平。绍兴古石桥结构科学，用料讲究，布局、选址合理，石桥一般寿命能长达千年以上。绍兴石桥成为中国石桥发展、演化的一个缩影，被称为中国的"石桥博物馆"，美名桥乡。

石桥营造的基本技艺是通用的，本书集中以绍兴古石桥为背景介绍石桥的营造技艺。绍兴石桥不但体现了先进的营造技艺，又蕴涵着深厚的文化底蕴，具有极高的美学价值、学术价值和使用价值。绍兴石桥所具有的环境布局美、结构装饰美和桥楹诗文美，构成了特有的水乡交通景观。"垂虹玉带门前来，万古名桥出越州"，绍兴石桥文化已成为越文化的重要组成部分。绍兴石桥营造技艺进入国家级非物质文化遗产保护名录以来，随着工作的深入开展，必将对这一技艺的保护传承产生深远的影响。

石桥营造技艺的发展脉络

绍兴的石桥营造技艺门类众多、齐全，是绍兴各个历史时期文化水平、科技水平的综合体现，可以说是一部完整的石桥技术史。这些技艺合乎科学、合乎美学，经过口口相传，代代传承，并在传承中不断发展。

石桥营造技艺的发展脉络

  绍兴的石桥营造技艺门类众多、齐全，是绍兴各个历史时期文化水平、科技水平的综合体现，可以说是一部完整的石桥技术史。石桥营造者对桥梁的内在结构原理和外在的水文、地质与桥梁之间的相互关系深有研究，又通过不断创新、反复实践，用堪称一绝的石桥营造技艺，创造出形式多样的桥梁。这些技艺合乎科学、合乎美学，经过口口相传，代代传承，并在传承中不断发展。

  绍兴石桥营造技艺的几个发展阶段：

[壹]远古时期

  在河流众多的新嵊盆地，一万年前这里已有人类聚居，创造了稻作文化、陶器文化。定居点有隔离沟，跨沟必有原始的木桥、竹桥。九千年前，古先民用火攻去炭法技术创造出萧山跨湖桥独木舟，这个发现证明了当时有了水运工具，接着便创造出并舟为梁、横舟为梁的浮桥技术。在距今七千年前的河姆渡古先民遗址中，发现了水上干栏式建筑技术，这跨越水面通向陆地的建筑实际上就是干栏式的木桥营造技艺，这种干栏式建筑技术随着越族的迁徙，传布到江南各地，这也是远古时代石桥文明的曙光。这种干栏式的木桥营造技艺为后来的石桥榫卯技术的创造提供了借鉴。绍兴历史上存在过的、有文字记载的远古著名石桥——舜王时代的百官桥，又名舜桥。（六朝方志中的《会稽地志》载："舜桥，舜避丹朱于此，百官候之，故亦名百官桥。"）

[贰]春秋越国时期

春秋越国时期，绍兴地区一直是越国政治、经济和文化基地。当时的陶瓷技术走在时代前列，砖墓拱技术的创造逐渐转化为砖拱桥技术，这就为石拱桥技术的创造开辟了道路。当时，青铜冶铸业已较为发达，越国的青铜剑铸造技术十分精良，具有高超的工艺水平。青铜工具对易于加工的绍兴银灰岩石料已具有加工能力，这一特点在绍兴的桥文化上也得到了反映，如上虞的炼剑桥即是以越王句践在此铸剑而得名的。（《绍兴府志》载："越王句践铸剑于此，故名。"）随着冶炼技术的发展，铁质生产工具的出现，使开采和雕琢石料的能力更强，大大推进了建筑方面对石料的利用率，这为大量建造石桥提供了物质条件。越国时期已有石柱、石梁、石桥面等石质构件，说明当时已进入了石梁桥的创始时期。据宋嘉泰《会稽志》载："灵汜桥在县东二里，石桥二，相去各十步。"《舆地志》云："山阴城东有桥名灵汜，吴越春秋句践领功于此。"明代骆问礼《千秋桥记》："俗传句践隐居句乘山，嗣君率众朝迎，即命架桥二所，曰千秋，曰万岁。"这些记载说明春秋时代已有灵汜桥、千秋桥、万岁桥等一批石梁桥,已掌握了石梁桥建造的初步技术。汉代《越绝书》记载越国历史时,多处提到越国的津梁,此时桥梁已作为一种最基本的建设,当无疑义。越国句践时代已有戈船300艘,船的大量建造说明当时用船作单元"架舟为梁"的浮桥已较普遍。

[叁]秦汉时期

自秦统一中国以后,特别是到了汉代,社会生产力不断发展,经济繁荣、人口增加、土木大兴。到了东汉,更是在建筑史上留下了灿烂的一页。东汉会稽太守马臻营造百里鉴湖,在围湖的鉴湖堤上建造了26座桥与堰闸功能组合的石桥,从城区向南横跨鉴湖的湖堤上建有3座亭桥,在城内和集镇村落中也出现了许多石桥。宋嘉泰《会稽志》载:"钟离桥,在城东。东汉钟离意,山阴人,仕至尚书仆射,此其所居。"《越中杂识》云:"柯桥为汉蔡邕取柯亭椽竹为笛处。桥侧面有笛亭,今为土地祠。"宋嘉泰《会稽志》载:"孟宅桥在县东南一里三十步,汉孟尝所居地。"华安仁诗云:"汉上还珠太守家,小桥斜跨碧流沙。" 根据史书记载及对汉代画像砖的考证,证明汉代已掌握石拱桥建桥技术。

[肆] 三国两晋时期

在三国两晋时代,全国处于混乱状态,而当时的绍兴地区却相对稳定,战乱较少。特别是东晋时代,北方大批望族南迁定居绍兴地区,给这里带来了北方先进的石桥建造技术,使这里的石桥营造

光相桥（绍兴市越城区）

谢公桥（绍兴市越城区）

技艺在动乱的年代仍得到较快发展。现存始建年代最早的半圆拱石桥光相桥和最早的七折边拱桥谢公桥，集中体现了当时的石拱桥技艺水平。在三国两晋时代，绍兴古墓石拱不仅有半圆拱、折边拱技术，还有高超的蛋拱技术，所以，在当时的石桥营造中，应用半圆拱技术、折边拱技术是理所当然的。到了唐、宋时期，则是绍兴半圆拱、折边拱石桥技术的发展时期。

[伍]唐宋时期

唐、宋时期，绍兴的运河驿路畅通、工商业发达、桥梁工艺水平高超，绍兴石桥的发展也进入到全盛时期。据宋嘉泰《会稽志》记载，当时著名的桥梁就有201座。其中，始建于唐元和十年（815年）

纤道桥（绍兴市柯桥区）

的古纤道桥，运用了多种石桥营造技艺，包括超长型石墩石梁桥技艺、半圆拱石桥技艺、马蹄形拱桥技艺。在阮社的那一段称百孔官塘，因桥如长链，亦名"铁链桥"。纤道桥在太平桥和板桥之间，长879.4米，共有281孔之多，其中含马蹄形拱桥3座、高孔梁桥1座。普通桥梁是跨河而建，而古纤道桥是顺运河而建，平铺水中。其主要作用为纤夫拉纤用，也可用于大风大浪时船只的避风，此外，纤道桥由于多孔，减少了风浪对桥墩的冲击力，起到了保护纤道桥的作用。古纤道桥是多项石桥营造技艺的集大成者，如今已列入全国重点文物保护单位。

重建于南宋宝祐年间的八字桥，系微拱石梁桥，筑于三河交汇

八字桥（绍兴市越城区）

处，兼跨三河，与三条道路相衔接，其布局合理，建造稳固，构思巧妙，足见当时的造桥水平之高。此桥为现存最古的城市桥梁，为全国重点文物保护单位。

宋嘉泰《会稽志》所载古桥中，现存还有23座，在绍兴市区内有八字桥、广宁桥、光相桥、谢公桥、题扇桥、宝珠桥、拜王桥、小江桥、东双桥、大庆桥等，其中广宁桥重建于北宋绍圣四年。这些石桥都包含着宋代以前的石桥营造技艺。

宋代时，绍兴石材大量开采，石桥数量多、品类多、质量高，这一时代的石桥营造技艺在中国桥梁史上具有十分重要的地位。

广宁桥（绍兴市越城区）

题扇桥（绍兴市越城区）

宝珠桥（绍兴市越城区）

拜王桥（绍兴市越城区）

小江桥（绍兴市越城区）

大庆桥（绍兴市越城区）

东双桥（绍兴市越城区）

[陆]元明清时期

《浙江通志》载："绍兴市上虞区的等慈桥，又名九狮桥，于元至正时(1341—1368年)等慈寺永贻、大逵众僧募修重建。"此桥桥姿雄浑、苍老，至今保存完好，是代表元朝石桥营造技艺的标本，也是建筑朴实与典雅完美结合的一个典范。目前，绍兴尚存多座明代桥梁建筑，如建于明正德六年（1511年）的绍兴市柯桥区齐贤镇沈家村的花洞桥，系单孔马蹄形石拱桥，拱券为链锁分节并列砌筑，桥上雕有各种饰物；重建于明万历四年（1576年）的西跨湖桥，为拱梁组合式石桥；始建于明崇祯十五年（642年）的避塘桥，工程浩大，可谓

等慈桥（绍兴市上虞区）

花洞桥（绍兴市柯桥区）

西跨湖桥（绍兴市柯桥区）

避塘桥（绍兴市越城区）

永嘉桥（绍兴市越城区）

壮观；重建于明正德年间的五折边拱永嘉桥，至今能通汽车。这些石桥呈现了明代石桥营造技艺的水平。

　　到了清代，桥梁更是星罗棋布、姿态万千。始建于明，并在清咸丰八年（1859年）重建的太平桥，及建于清宣统三年(1911年)的泾口大桥均为拱梁组合石桥，而泾口大桥的桥拱又是国内少见的3孔马蹄形石拱桥。此外，两桥高超的营造技艺、轻盈矫健的桥姿、精湛完美的石雕，令人叹为观止，是绍兴石桥的精品杰作。清代石桥采用了多式榫卯结构，实行了按设计工厂化成批制作部件，再进行安装的桥梁建筑工序。

太平桥（绍兴市柯桥区）

泾口大桥（绍兴市上虞区）

迎仙桥（新昌县）

玉成桥（新昌县）

　　明、清时代，绍兴创造了迎仙桥、玉成桥的悬链拱先进石桥营造技艺，再一次亮出了石桥营造技艺走在时代前列的旗帜。所以说，明、清两代是石桥营造技艺发展的鼎盛时期。

石桥营造技艺的门类

绍兴石桥营造技艺种类多、工艺精，体现这些技艺的许多桥型在别处已不可见，却独存于绍兴。绍兴石桥的造型技艺有二十三大门类，其中石梁桥造型技艺中有七类，石拱桥中的折边拱桥造型技艺有三类，石拱桥中的圆弧拱桥造型技艺有十三类。

石桥营造技艺的门类

　　绍兴石桥营造技艺是多学科知识的综合应用，从桥型设计技术到施工技术，再到建桥材料、操作工具，都包含了多学科的科学技术知识。绍兴石桥营造技艺种类多、工艺精，体现这些技艺的许多桥型在别处已不可见，却独存于绍兴。如多式石梁桥技术、多式折边石拱桥技术、多式圆弧石拱桥技术等桥型的营造技艺，构成了一个完整的石桥营造技艺系列。特别是绍兴特有的折边拱桥营造技艺、超时代水平的古悬链线拱桥营造技艺，更是具有独特的工艺和内在特点。

　　绍兴石桥的造型技艺有23大门类，其中石梁桥造型技艺中有7类，石拱桥中的折边拱桥造型技艺有3类，石拱桥中的圆弧拱桥造型技艺有13类。

[壹]石梁桥造型技艺门类

1.石柱石梁桥

　　绍兴的石柱石梁桥的结构技术门类主要有：石板柱石梁桥、石排架石柱石梁桥、石柱跨水戏台、石柱廊桥、石柱水阁等多种形式。保存至今最早的建于宋代，以清代所建为最多。石排架石柱石梁桥

荷湖大桥（绍兴市越城区）

最著名的是建于清乾隆年间的荷湖大桥，石柱廊桥有西郭会龙桥。

2.石墩石梁桥

绍兴的多孔石墩石梁桥的结构技术门类有：平首实体石墩石梁桥、尖首实体石墩石梁桥、箱式石墩石梁桥、叠箱石墩石梁桥等多种形式。

平首实体石墩石梁桥代表性桥梁有：天佑桥与舆龙桥（即洋江

洋江大桥（绍兴市越城区）

大桥）、避塘桥、纤道桥、三接桥、画桥、古虹明桥等；平首实体石墩石梁桥中桥墩最多的是百孔长桥纤道桥；尖首实体石墩石梁桥代表性桥梁有新官桥、绍兴望仙桥、嵊州望仙桥等。尖墩石梁桥中最著名的是绍兴三江的汤公桥，即三江闸桥，是明代桥梁建筑技术的代表作。箱式石墩石梁桥有南池廿眼桥等。

三接桥（绍兴市越城区）

古虹明桥（绍兴市柯桥区）

画桥（绍兴市柯桥区）

新官桥（嵊州市）

望仙桥（绍兴市越城区）

望仙桥（嵊州市）

汤公桥（绍兴市越城区）

南池廿眼桥（绍兴市越城区）

3.石轴柱石梁桥

石轴柱石梁桥在绍兴目前只发现两例，即小越魏家桥村百福桥和丰惠镇永丰桥。此类桥有两个桥墩，均用五层长条石轴柱叠筑而成，石轴两端为半圆形。

4.伸臂石梁桥

伸臂石梁桥又称叠涩石梁桥。二层石板在桥墩上叠涩出檐，增大桥的跨度。绍兴市的伸臂石梁桥大多建于山区河流上，所以都是尖首墩。代表性石桥有：品济桥、奎元桥、万缘桥等。

5.石板壁墩石梁桥

石板壁墩石梁桥是用二至四块石板拼实直立成桥墩的石梁

百福桥（绍兴市上虞区）

永丰桥（绍兴市上虞区）

品济桥（嵊州市）

奎元桥（绍兴市柯桥区）

万缘桥（绍兴市柯桥区）

桥，这是石柱式墩台的改进和创新。用石板组合成石板壁桥墩，增
加桥墩被撞时的抵抗能力，石板壁墩的墩体薄，与石柱墩相比较，
相对增大了桥孔宽度，整体性比石柱墩好，因此石板壁墩台在水
网地区广为采用。桥例：两板式石板壁墩有东湖霞川桥、东浦大木
桥、柯桥镇红木桥等；三板式石板壁墩桥有中兴桥、安昌宁安桥、
云菇桥、马山光济桥、斗门方徐村的万新桥、华舍蜀埠村永安桥、庙
桥、信公桥、柯岩丁巷大桥、孙端古大木桥、上虞长塘何家桥、松厦
联塘村镇海桥、小越冯山村永福桥、东关傅村万缘桥等。

6.石板凳石梁桥

此类石桥形如石板凳，故名。此类石桥绍兴只有一例：新昌回山

霞川桥（绍兴市越城区）

大木桥（绍兴市越城区）

江木桥（绍兴市柯桥区）

中兴桥（绍兴市柯桥区）

宁安桥（绍兴市柯桥区）

云菇桥（绍兴市柯桥区）

万缘桥（新昌县）

镇蟠溪村万缘桥。此外，在湖南省还有一例——寿宁桥。

7.微拱石梁桥

此类石梁桥的石梁呈微拱形，作用是增加桥孔净空高度，改变桥面受力形态，增加美感。桥例有：八字桥、兰亭桥等。

石梁桥建筑技术是不断发展的，它经历了由砌筑式向构筑式的发展。石梁桥和拱桥的条石砌筑式桥墩演进路线是：

石块堆筑墩→上大下小大体积条石墩↗大体积条石伸臂墩（尖墩、平头墩）↗柱条石伸臂墩（尖、平头形）

↘船形墩（双向尖墩）→柱状条石墩（尖、平头形）

↘梭台状条石墩（尖、平头）

↗拱桥条石墩→拱桥榫卯条石墩

→薄形墩→梁桥石壁墩

↘梁桥柱状整石叠砌墩（尖头形、平头形、双圆形）→锥台整石叠砌墩

兰亭桥（绍兴市柯桥区）

当桥墩技术发展到整石叠砌墩时，就由砌筑技术阶段进入了构筑技术阶段。

[贰]石拱桥造型技艺门类

拱桥是在墩台之间以拱形的构件作承重结构的石桥，拱形构件既受压又产生水平推力，以受压为主，建成后数百年屹立不坍，而且载重潜力很大。如重修于清康熙二十八年（1689年）的市区的东双桥和皋埠镇的永嘉桥至今仍通载重汽车。

古代桥匠创造了许多技术含量很高的石拱桥桥型，这是一份宝贵的技术遗产。石拱桥造型技术分类如下：

1.折边拱桥

绍兴折边拱桥中有三类：三折边拱桥、五折边拱桥、七折边拱桥。绍兴拥有数量众多的折边石拱桥，其中七折边拱桥更是仅存于绍兴。

（1）三折边拱桥

三折边拱桥分为实腹三折边拱和空腹式三折边拱。国内三折边拱石桥大多集中在绍兴，现存最古的实腹三折边拱是始建于宋朝的嵊州市浦口镇的和尚桥。全市单孔三折边拱桥有和尚桥、元宝桥、访友桥、张溇村云梯桥、岩下桥、上新桥、回澜桥、广居桥、德胜桥、文昌桥等；双孔的有西成桥、徒杠桥、溪头紫山桥、祠堂桥、长青桥、济世桥、民生桥、卓溪太平桥、卓溪普济桥、白仓永安桥、周

和尚桥（嵊州市）

访友桥（嵊州市）

上新桥（嵊州市）

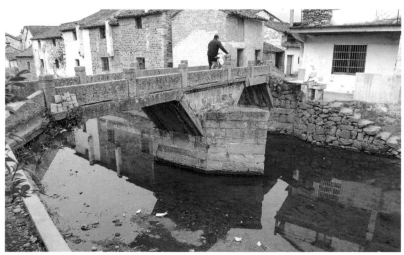

祠堂桥（诸暨市）

渎西桥（诸暨市）

破溪桥（诸暨市）

万安桥（诸暨市）

清潭桥（诸暨市）

五云桥（诸暨市）

溪缘桥（诸暨市）

家桥；三孔的有渎西桥、破溪桥、下吴宅万安桥、镇宅桥、燕山桥、紫阆镇东桥、银河桥、万安桥、思亲桥；四孔的有清潭桥（诸暨东白湖镇雄踞村吴子里村）；五孔的有诸暨应店街镇大马坞村五云桥；十三孔的溪缘桥为国内最长的三折边拱桥，全长有144米。三折边拱桥大多为实腹式，上新桥为空腹式三折边桥。

（2）五折边拱桥

五折边拱桥和七折边拱桥都是实腹拱，拱券的排列采用链锁分节并列的形式。五折边拱、七折边拱的底边与水盘石相交均为斜置，这可以增加条石与条石结合处的抗弯能力和全桥的稳定性。五边形、七边形石桥一般比曲线拱桥省料，折边拱的各条折边之间的

青云桥（绍兴市上虞区）

庙桥（绍兴市柯桥区）

外山桥（绍兴市柯桥区）

新安桥（绍兴市柯桥区）

夹角相同。五折边拱桥的底边与水面垂直，此底边实为桥墩，这类桥应归为三折边桥。绍兴五折边拱桥有拜王桥、永嘉桥、青云桥、王七墩村庙桥、外山桥、新安桥等。义乌有五折边古月桥。

（3）七折边拱桥

七折边拱桥也是实腹拱，仅存于绍兴。绍兴市区有广宁桥、谢公桥、宝珠桥、迎恩桥，绍兴市上虞区有祥麟桥，绍兴市柯桥区有万安桥、新安桥。

2.曲线拱桥

石拱桥中，曲线拱的拱型技术分类有：半圆拱、马蹄形拱、圆弧

迎恩桥（绍兴市越城区）

祥麟桥（绍兴市上虞区）

万安桥（绍兴市柯桥区）

拱、椭圆形拱、悬链线拱等。拱券的砌筑方法总体包括三大类：一是纵向并列砌筑，二是横向并列砌筑，三是乱石不成列砌筑。加入有铰、无铰、分节、镶边、加框等形式，可具体细分为：

纵向并列拱桥：在同一孔内拱碹石全部按桥孔中心线方向纵向成道排列，纵向的拱券石之间没有用榫卯结构联结，此种构造方式称为纵向并列拱。这是以赵州桥为代表的桥拱形式。

纵联并列拱桥：纵向并列拱桥中纵向各列的拱石之间如采用榫卯结构联结的，则称为纵联并列拱桥。这种拱式较少见，桥例有：庐山三峡桥。这种名称中的"联"字表示采用榫卯结构联结。

　　横向并列拱桥：在同一桥孔内拱碹石全部按横向成列砌筑，称其为横向并列拱桥。横向并列式拱桥通常是指拱碹石为高度相等的块石砌筑而成的石拱桥。

　　横向分节并列拱桥：在同一桥孔内长条拱碹石横向并列砌筑，形成分节形态。这种拱桥称为横向分节并列拱桥。各节的高度可一致，也可不一致，但同节的拱碹石高度是一致的，每节中的长条拱碹石一般体形相同。各节在横向上形成并列，每节内的拱碹石与相接的拱碹石可对齐，也可不对齐。

　　镶边横向并列拱桥：主拱圈为横向并列式，于其两端（外面）各镶一道碹脸石，称为镶边横向并列拱桥。

　　框形横向并列拱桥：在同一桥拱孔内，由若干道（偶数）纵联拱券和拱碹石构成框形，于框内作横向并列砌筑的石拱桥，称为框形横向并列拱桥。

　　横联分节并列拱桥：在横向分节并列拱的每节之间加一道横联石，横联石（锁石）与长条拱碹石（链石）之间用榫卯结构联结，则称为横联分节并列拱桥。

　　乱石拱桥：用自然石料或是自然石料与加工石料组合，或全部用加工石料，按设定的拱形不成列砌筑的石拱桥，统称为乱石拱桥。

　　下面选择桥例加以说明：

（1）单孔桥型类

①单孔纵联并列拱桥：现存的这类始建于隋代的纵联并列的敞肩式古拱桥有赵州桥、小商桥等。

②单孔横向分节并列拱桥：这种砌筑方法始于宋朝以前，石桥重建时往往会在分节之间加上横联石，改变这种结构，所以能保留这种结构的石桥不多。绍兴市单孔横向分节并列半圆拱桥有小江桥、光相桥、东双桥等。这三座石桥在宋嘉泰《会稽志》中有载，后代虽有重修，但没有加横联石，说明桥拱结构保持了原形。

③横向块石并列砌筑拱桥：这是用块石或长条石横向成列的砌筑方法。这类砌筑法有两种：一种是块石横向并列砌筑。这类桥型很多，遍布全国。单孔的如砥流桥、等慈桥，多孔的如卢沟桥。二是

寨口桥（绍兴市柯桥区）

皇渡桥（新昌县）

万年桥（嵊州市）

宣桥（绍兴市柯桥区）

双虹桥（嵊州市）

广济桥（绍兴市上虞区）

崖下桥（嵊州市）

大庆桥（新昌县）

金兰桥（嵊州市）

用整体条石横向并列砌筑，如寨口桥为29块长条石横向并列砌筑，国内仅此一例。这类桥有单孔和多孔之分。单孔的如新昌县的皇渡桥、万年桥，绍兴市柯桥区的宣桥、横溪桥、公正桥，嵊州市的梯云桥、德济桥等；二孔的有嵊州市的双虹桥、诸暨市崖下桥、杨坑桥；三孔的有绍兴市上虞区的岭南广济桥、新昌县的大庆桥、乐取桥；五孔的有嵊州市的金兰桥等。

④横联分节并列砌筑拱桥

横联分节并列砌筑拱桥多见于江南，是明、清时代石拱桥代表性的先进桥型。这类拱桥在江苏、浙江极为普遍，这类桥型结构合理，造型美观。它与分节并列砌筑的拱桥的主要区别在于，分节之间增加了横向的链锁条石，链石与锁石之间用榫卯结构联结。链锁分节并列砌筑拱桥结构类别有单孔和多孔之分。链石与锁石的组合最少的是四列链石与三条锁石组合，如绍兴柯桥的永丰桥；五列链石与四条锁石组合，简称五链四锁拱桥，如瑞安桥、锦鳞桥；依次还有七链六锁：阮社桥，九链八锁：广溪桥，十一链十锁：珠村桥等。

在绍兴，单孔横联分节并列砌筑拱桥有虹桥、题扇桥、凰仪桥、孔庙桥、都泗门桥、荷花桥、融光桥、茅洋桥、壶觞桥、花浦桥、西跨湖桥、大木桥、宣桥、广溪桥、存德桥等200多座。其中由横联分节并列半圆形拱桥变形为椭圆形石拱桥的有：单江太平桥、咸安桥。

永丰桥（绍兴市柯桥区）

瑞安桥（绍兴市越城区）

锦鳞桥（绍兴市越城区）

阮社桥（绍兴市柯桥区）

广溪桥（绍兴市柯桥区）

珠村桥（桐庐县）

虹桥（绍兴市越城区）

凰仪桥（绍兴市越城区）

孔庙桥（绍兴市越城区）

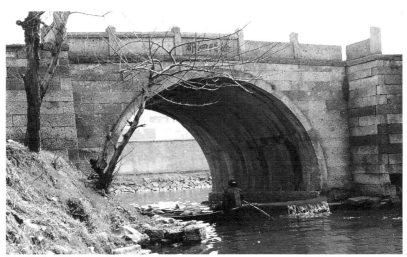

都泗门桥（绍兴市越城区）

荷花桥（绍兴市柯桥区）

融光桥（绍兴市柯桥区）

茅洋桥（绍兴市越城区）

壶觞大桥（绍兴市越城区）

花浦桥（绍兴市越城区）

单江太平桥（绍兴市越城区）

咸安桥（绍兴市柯桥区）

螺山大桥（绍兴市柯桥区）

泗龙桥（绍兴市越城区）

单孔横联分节并列砌筑拱桥与梁桥组合桥：太平桥等；多孔横联分节并列砌筑半圆拱桥：螺山大桥等；三孔横联分节并列砌筑拱桥与梁桥组合桥：泗龙桥。横联分节并列砌筑拱桥大多是半圆形拱桥，也有马蹄形拱桥，多产于绍兴。

⑤马蹄形拱桥

马蹄形拱桥是桥拱为马蹄形的横联分节并列砌筑拱桥。绍兴的马蹄形拱桥分为微马蹄形拱和显马蹄形拱两种。马蹄形拱是指圆拱的圆心夹角大于180度的拱桥。圆心夹角在180度至200度之间的拱券称微马蹄形拱，当夹角达到240度时，桥拱的马蹄形已很明

新桥（绍兴市越城区）

接渡桥（绍兴市柯桥区）

显，故称为显马蹄形拱，如东浦新桥；三孔薄墩马蹄形拱桥有泾口大桥、接渡桥、新桥。

⑥悬链线拱桥

1990年，罗关洲在绍兴和其他地区发现了一系列古悬链线拱拱桥，填补了《中国古桥技术史》的空白，这类先进的石桥桥型技术早已在明清时代便位居世界前列。古悬链线拱在绍兴首次发现的是新昌的迎仙桥，第二座是嵊州的玉成桥。将迎仙桥和玉成桥的桥拱曲线实测数据与标准悬链线拱数据相对照，内容基本相合，这证明我国古代桥梁建筑技术已相当高超。相比较而言，悬链线拱比圆弧拱更合理，它在静载条件下，各截面变距均为零。现代钢筋混凝土悬链线型拱桥是我国20世纪50年代，才从国外引进的世界先进水平的桥梁科技。然而，绍兴地区在明清时代就已开始应用这一先进的桥梁技术，实在是一项惊人创举，是绍兴石桥技术的精华。最近新发现的悬链线拱桥有复初桥、岩泉桥。

⑦厚墩横向并列半圆块石拱桥：石碑桥、金兰桥、媲美桥。

⑧乱石半圆拱桥：万年桥、沙溪桥、灵鹤桥、司马悔桥。

⑨椭圆形拱桥：丁公桥、岩头广济桥等。

⑩横联分节并列圆弧拱桥：丰惠桥。

⑪尖拱桥：嵊州崇仁镇淡山村龙门桥。

（2）组合桥型类

复初桥（绍兴市柯桥区）

石𬙊桥（诸暨市）

灵鹅桥（新昌县）

司马悔桥（新昌县）

沙溪老岙桥（新昌县）

丁公桥（新昌县）

岩泉桥（新昌县）

丰惠桥（绍兴市上虞区）

龙门桥（嵊州市）

①拱梁组合桥：如泗龙桥，是由三孔跨径分别为5.40米、6.10米、5.40米的驼峰拱桥与二十孔石梁桥联成；荷花桥为中间拱桥两边用梁桥相连；拱梁组合的太平桥的拱桥下有纤道，形成立交。

②闸桥：桥与闸组合即为闸桥。

《水经注》是记载有东汉鉴湖闸桥的最早文献，上曰："浙江又东得长湖口，湖广五门。"鉴湖闸桥建筑既是闸，又是桥。建于明嘉靖十六年（1537年），位于绍兴斗门镇的三江闸桥，有28个闸洞，闸上架桥可以通行。现存的闸桥桥例有三江闸桥（汤公桥）、扁拖闸桥、龙华桥、清水闸桥。

扁拖闸桥（绍兴市柯桥区）

龙华桥（绍兴市越城区）

清水闸桥（绍兴市上虞区）

③桥渠：桥与渠组合即为桥渠。嵊州市石璜镇三溪村的永福桥，系单孔半圆形石拱桥，桥面中间建有水渠，两侧可走行人，桥随功能而变化，显示了工匠的聪明才智。

④梁桥与梁桥的组合桥：八字桥、朱公桥、天佑桥与舆龙桥。

⑤拱桥与拱桥组合桥：东双桥。

⑥桥堤组合桥有三类：梁桥与堤组合桥，如蜈蚣桥；拱桥与堤组合桥，如避塘桥；梁桥、拱桥与堤组合桥，如纤道桥。

⑦水门拱桥组合桥：都泗门桥。

（3）廊桥类

①石桥台贯木拱廊桥：普济桥。

②石桥台木梁廊桥：跨龙桥、信公桥。

③石桥台石梁石柱廊桥：会龙桥。

（4）组合式砌筑类

外半圆拱与内折边拱组合砌筑拱桥，如戴狮桥、永昌桥；纵联并列与横联并列组合砌筑拱桥，如府桥。

虽然以上这些桥型没有古代的设计图纸等技术资料保存下来，但我们可以根据现存的石桥结构用平面、立体等多种形式加以复原，变成石桥营造技艺资料，加以保存。

朱公桥（绍兴市柯桥区）

普济桥（新昌县）

跨龙桥（绍兴市越城区）

信公桥（绍兴市柯桥区）

会龙桥（绍兴市越城区）

戴狮桥（嵊州市）

永昌桥（嵊州市）

府桥（绍兴市越城区）

石桥营造的方法和工艺流程

石桥营造技艺包括各类石梁桥、折边拱桥、半圆形拱桥、马蹄形拱桥、椭圆形拱桥、悬链线拱桥等石桥的建造技艺。

石桥营造方法从总体上分为水修法和干修法两类。无论水修法和干修法，石桥建造过程均分为选址阶段、设计阶段、下部基础结构建造阶段和上部结构建造阶段。

石桥营造的方法和工艺流程

[壹]石桥营造方法综述

绍兴石桥一般的建筑程序为：选址→桥型设计→实地放样→打桩→砌桥基→砌桥墩→安置拱圈架→砌拱→压顶→装饰→保养→落成。石桥营造技艺包括各类石梁桥、折边拱桥、半圆形拱桥、马蹄形拱桥、椭圆形拱桥、悬链线拱桥等石桥的建造技艺。

石桥营造方法从总体上分为水修法和干修法两类。

绍兴是水乡泽国，水网土质多为污泥，故建造桥墩时要将木桩密集打入水中，改良桥墩的基础结构。水修法是水网软土地基常用的桥墩建造法，有两种方式：一种是直接将木桩密集打入水中的水修法；另一种是在建造桥墩的周围筑堰抽干堰中的水，再在堰内打桩，木桩打入后，在整体木桩桥基上放置长条石，直横砌置几层，使桥墩基础形成整体，再在坚固的底盘石基础上砌筑桥墩。

干修法技术是指许多单跨梁桥，桥墩在两岸旱地上，筑墩则在旱地无水干修筑墩。当河道可以截弯取直时，则在规划的河道上，旱地造桥。这种干修法既经济方便，又保证质量，现代也常运用，如嵊州的新东桥和新南桥，就是用这种办法修建的。

无论水修法和干修法，石桥建造过程均分为选址阶段、设计阶段、下部基础结构建造阶段和上部结构建造阶段。

上部结构施工大致分为梁桥上部结构和拱桥上部结构两大类。

石梁桥上部结构施工主要指梁桥的桥墩的建造和石梁的安装。

石拱桥上部结构施工主要指拱券与拱上建筑施工。其主要程序为：先搭拱架，拱架有木结构拱架和土石垒拱架两大类。拱架搭好后，在架上砌拱。拱券在拱架上正式砌筑前，要按设计的拱券形式加工好各类券石。石桥砌筑是靠力学结构干砌而成的，所以石料加工的精确度要求很高，即使是乱石拱，材料的选取要求也很高。拱券石备好后，就可在拱架上砌筑拱券。拱券由拱脚往拱顶砌筑，拱石砌到拱顶时，留下龙门口一条，用尖拱技术将龙门石砌入，最终完成桥拱合龙。完成拱券的砌筑后就是尖拱，这是成败的关键。尖拱是先用与龙门石相仿的木块在龙门石的位置上敲入，再将已砌好的拱石挤紧，取出木块后砌入龙门石，在龙门石上平压顶盘石，使拱石密合，顶盘石等重物压上后，拱券成型挺立，拱券就砌筑成功了，不然就会被压塌。并列砌筑、分节并列砌筑的拱石有无铰和有铰两大类，即无榫卯结构和有榫卯结构两大类。拱券砌好后再砌山花墙、金刚墙桥面、桥栏、桥阶等设施，以及桥亭、桥廊、桥屋等桥的附属设施。

[贰]石桥建造技术

1.石桥选址技术

众多石桥中，有的屡建屡毁，有的千年永固，其中一个重要原因是，桥址选择的优劣。石桥的桥址要达到因地制宜、科学合理的选址要求，关键是桥址要选在水流对桥基的冲击力度较小、桥基底层坚固的地方，以保证桥基的稳固。绍兴有不少石桥科学选址的桥例。

天然岩基选址：迎仙桥、玉成桥、宣桥、皇渡桥、司马悔桥、万年桥等山区石桥之所以能经受千百年山洪的冲击，关键在于这些石桥的桥基就是天然岩石，桥台就建在天然岩石之上，山洪直冲桥台下的山岩无损于石桥的主体。在平原地区能找到岩石作桥基实为难得，三江闸桥正是平原地区石桥以天然岩石作桥基的典范；嵊州龙亭桥更是选择河流两岸两块巨大的岩石作桥基，此桥的桥拱远离水面，山洪不可能到达桥台、桥拱，所以此桥无山洪冲毁之虞。此桥因两岸岩石有高低，桥拱不对称，桥拱圆弧为112度，桥拱两端与墩台相接点不在水平面上，两端差距为80厘米，为求稳固，宁可桥型服从桥基需要。该桥砌筑技术为拱圈为框式横向并列砌筑法。

回流缓冲选址：嵊州市的三折边拱的和尚桥是这类石桥选址的典范，其选址的优点在于避开了河道水流的直冲方向。这条河流在冲过一个回头湾后，形成一个回流缓冲的大水潭，和尚桥就架在水流平稳的大水潭口子处。正是这种特殊的地形条件，才使和尚桥得以从宋朝保存至今。

2.石桥设计

石桥匠在建造石桥时肯定有设计构想，但至今没有发现设计图纸，我们可以从现存的石桥推导出建桥时的设计蓝图，这里列出绍兴石桥的一些特殊设计：

八字桥连通三河三街平面设计图：

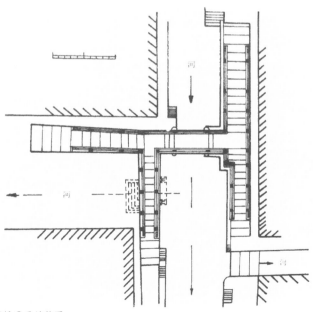

八字桥平面结构图

广宁桥立面设计图：

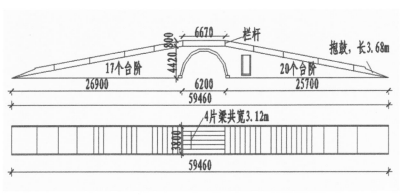

栏杆
抱鼓，长3.68m
6670
4420 800
17个台阶
20个台阶
26900
6200
25700
59460
4片梁共宽3.12m
3380
59460

广宁桥立面设计图

酒桥立面设计图：

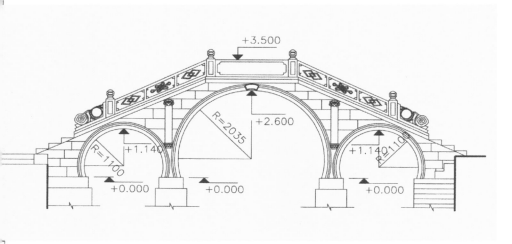

+3.500
R=2035
+2.600
R=1100
+1.140
+1.140 +1.100
+0.000
+0.000
+0.000

酒桥立面设计图

链锁石拱榫卯结构图：

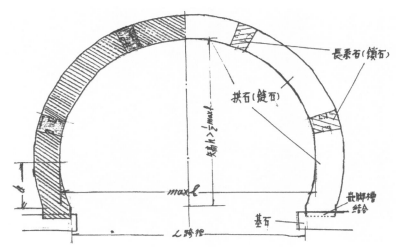

链锁石拱榫卯结构图

拱券石（链石）设计图：

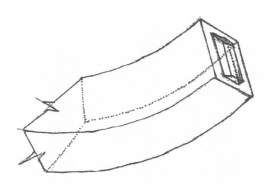

拱券石

泗龙桥设计图:

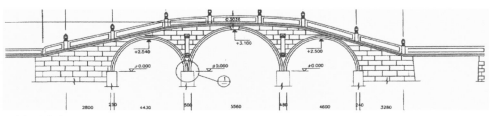

泗龙桥结构图

尖拱设计图:

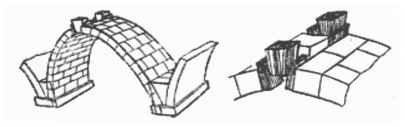

尖拱结构图

石柱排架式三折边桥结构图和三折边石桥截面结构图:

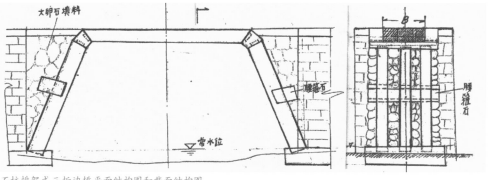

石柱排架式三折边桥平面结构图和截面结构图

闸桥结构图:

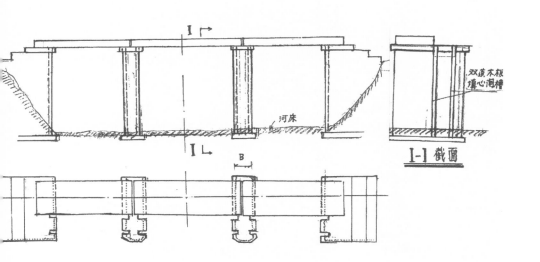

闸桥结构图

3.石桥基础施工

（1）木桩密植改良软土地基技术

木桩密植改良软土桥基技术（以下简称木桩密植基础技术）：在水网地区要稳固地建成桥梁是一件难事，远在汉代，绍兴就已创造了在水网软土地基上建成稳固桥基的技术。在绍兴市柯桥区

湖塘古堤上发掘到汉代的古湖塘桥的桥桩基础,其布置如下图:

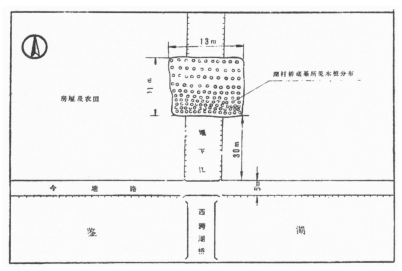

汉代湖塘桥桥桩布置图

此处的桥桩基础采用了松木桩密植基础技术,这种松木桩密植的布局方式与现代在软土地基上应用的先进的木桩密植技术基本相近,这说明汉代绍兴的桥梁基础技术已达到很高的水平。在绍兴城区的石桥桥基都采用这种小桩密植基础技术,根据"千年不烂水底松"的特点,桥桩均采用松木。小江桥松木桥桩经C14测定,是宋朝的。

(2)带水打桩作业

打桥桩是在选定的桥基区域内按梅花桩的格式密集地打下松

木桩。桥工根据桥位所处的地形、地质的经验性判断，从水面直接实施带水打桩作业。他们不作钻探，凭目测、手感的实践经验来确定木桩的长度。木桩的多少、径围和长度，视桥的荷载而定，桩位的布置根据墩台的规模来定，木桩的布置密度由桥台临水端往后依次递减。打桩一般采用四人或两人抬夯。每根单桩的打入程序为：制桩、定位。用夯具压桩入土（一般可压入50厘米左右），夹桩轻打，再重击桩顶，重击过程中，人力夹桩，调整未入土的桩身偏斜，重击后期，连续重击十下不见桩有贯入，单桩打入程序完成。梅花桩是由外向内打入。桥桩挤实后，打桩难度会逐步增加，常见的木桩有2至3丈。桥墩用桩基既可密实土壤，又可传递压力到下面较密实的持力层，桩头用片石嵌紧保护，桩头的顶端搁置桩帽石（水盘），使桩基形成一个整体。

（3）抛石、多层石板基础技术

绍兴石桥桥基在采用木桩密植的同时还在桩周围抛石填充于桩之间。桥桩基础完成后，在木桩上砌筑石板石条桥基，石板的层数视地基和桥的承载要求而定。绍兴水乡石桥很重视桥基的稳固，在软土地基松桩密植基础上要铺筑多层石板基础，桥基的安全系数很高，少则两层，最多的有七层。如绍兴城区的广宁桥的桥基石板就有七层，这是国内石桥石板基础层数之最；五层的有广溪桥；四层的有小江桥；三层的有八字桥；两层的很普遍。广宁桥的桥孔下也有松木桩基础和石板基础,与桥墩的石板桥基连成一体,这是石桥石板桥基的创造,到目前为止,仅发现这一例。

4.放样

建造石拱桥前要先放样,放样也称放大样。其程序是:

制作样台:样台是拱架、拱圈放大样的场所。先在桥位附近确定一块平整的场地,其长度大于跨径,有大于矢高的空间高度,用木制或铺设地坪。木制时,可用5厘米左右的厚木板平口拼制,嵌实于地面上,并搭棚保护。铺设地坪时,其地面以小石块夯实,再平敷3厘米厚的建筑沙浆,或在夯实的地坪上铺筑150毫米的90级混凝土,上用厚20毫米的1:3水泥沙浆抹平制成地坪。古代大多用三合土地坪的样台。

钉出跨径起点、终点、中点与拱顶4个桩。在中心线上找出心桩,使心桩至拱顶、起点、终点间的距离相等(用绳子试量成功),再钉心桩。以心桩为中心,心桩至跨径、起点、终点或拱顶桩的距离为半径,画一圆弧线,使圆弧线通过以上3个桩。当心桩不甚准确时,工匠就把弧线画圆顺,这样,所造拱桥内弧圆弧线就已确定。画圆在跨度较大时用绳子,较小时用丈杆。八分拱跨,即将拱跨分为八等分,钉出每个分点桩,用角尺作垂直起拱线的直线使它与所画圆弧线相交。制作7条标杆(一般用直的小竹),这7条标杆就是各分点的起拱高度。在成拱的现场,钉好4个角桩,用对角线法成方形后挂线，使两根跨度线与流水面的距离等高，绷紧线绳，使之水平，一般四角桩在溪岸附近，较溪中心有水流处高，所挂的两条跨度线即为起拱线。分起拱线为八等分，每个分点处线绳上结上小布条，在小布条下垫一块平整的石头，使表面紧贴线，按小布条位置竖相应的标杆，共14根，用竹木条把两排7根标杆组成框架，使之位置准确，填筑时不变位。两排标杆的垂直间距，即桥拱砌体的宽度，每排标杆端的连线所呈的圆弧状即为土牛拱胎面的圆弧。

放大样是在样台上按照1:1的规格，放出拱圈的大样。放样包括拱架放样、拱石放样和预加高度的分配等。由于拱圈为对称形式，拱圈放样时，可只放出半孔，画出拱圈弧线，用油漆涂显。

5.拱架砌筑——堆筑土牛拱胎

土牛拱胎的施工程序：

石拱桥施工中的一个重要环节是拱架，因为一块块的楔块拱必须在拱架上实施砌筑。为了使拱架受力均匀，不变形，不仅要搭设牢固，砌筑时还应从两端拱脚对等，匀称地向拱顶砌筑。土牛拱胎是一种传统的块石拱桥的拱架，它是就地用河床中材料堆筑成阜，胎背适合拱腹曲线，两侧做成适当边坡，其状如牛。在冬季河床干涸或水量不大，可以导流时，或河床为砂砾石时，最为适宜。土牛拱胎取材方便，施工简单，造价也低。

绍兴地区的楔形块石拱桥、块石拱桥、片石拱桥多为小跨径，起拱线都在溪底面上，矢高（矢跨比）大多数超过二分之一。明清时代建桥，因经济实力低下，大多用土牛拱胎建造。

堆筑土牛拱胎必须让水流通过，常有两种做法：一是用大砾石堆砌下层，让水流从砾石间隙流过（冬季水量较少的溪适用）。二是在较宽溪流上，桥跨径较大时（如10米上下）可设三角形竹木涵让水流通过。填筑土牛要放边坡，通常为10:7左右。在填筑的全过程里，工匠经常用目测，吊锤管理标杆，指挥填筑，不让标杆歪斜，更不能倒伏。采用砂砾石的土牛拱胎，将个大者放于边坡，进行人工整理，用土填筑的土牛拱胎，它的外墙是用农家筑土墙的工具和方法实施，两侧收坡墙的（台阶式）内芯用土分层加夯填筑。不论是砂砾土筑的，还是土筑的土牛拱胎，它顶面下的厚度都改用三合土填筑，表面用泥搭，打至光滑、圆顺，每根标杆是似露非露端头的。

施工完成的土牛拱胎，在表面要盖草苫，以防不测，让其自动沉压几天，当发现标杆出面时说明沉实了，工匠就会补填。补填前将松一下表层，再补上，不然要起皮（加层越薄越要注意）。

土牛拱胎的顶宽一般要大于桥拱砌体宽度，每侧加放0.8至1.0米，以供砌筑时人员往来与运料的需要。

6.拱石划分

画出拱圈弧线后，进行拱石划分。根据确定的拱石大小和厚度，按拱圈长度划分拱石数量。拱石一般不小于200毫米，划分时同时考虑灰缝宽度。拱石必须等腰，高度也要求相等。

拱石编号是指拱石划分后，再进行编号。每层拱石先自拱脚至拱顶按层次顺序编号，然后在每层中按上、中、下顺序编号。拱石以有无榫卯结构分为有铰和无铰两种。样板按图纸制作，有铁和木质两种。

7.备料

拱石备料指拱石选用时，石质要符合抗压极限强度和抗冻、吸水率的要求，可采用花岗石、砂岩、石灰岩等石材，备料要遵循拱石规格，一定跨度的拱桥先要定拱石的数量，再定拱石规格。拱石规格包括：

（1）厚度。规定允许误差，一般允许误差为5毫米。（2）细度（钻纹）。石面平整，无大块突出部分即可。（3）翘扭。规定允许范围，一般不大于20毫米。（4）缺角。规定靠板面的缺角允许范围，一般不大于100毫米。（5）凹窝。规定允许范围，一般不大于20毫米。（6）长度（顺拱宽方向的尺寸）。即拱石和灰缝长度的总和，如总长超出拱宽，可在个别拱石上加以调整。（7）高度（顺拱厚方向的尺寸）。不能超过拱圈设计厚度的2%。（8）平整度。拱圈顶的拱石顶面，两侧砌挡墙的宽度内需纹面平整。上下面的倾斜度不大于

10毫米。

　　备料要进行拱石开清。拱石的开料和清料简称拱石开清。拱石质量要求高，石料开采时要取质量高的石材作拱石，不可用先开采的表层作片石或料石。备料还要进行拱石开料。由于拱圈受轴心压力，因此开料时必须立纹破料，与普通料石的平纹出料相反。有干纹和水纹的石料，禁止使用；不同颜色的花纹，不一定是水纹，可顺纹敲击，如水纹上裂开就不是水纹干缝；同层同排同段的拱石最好在一处开采。开料分为三个步骤：开槽、抬帮、宰（劈）石。开槽是把整个岩石在盖山层挖去后，按照所需的石料大小，成条成排开采料石，包括平整岩层和挖凿槽口，在与整块岩石接联处打成槽口后，用抬帮方法，照石料所需厚度，在自由面上画出抬帮线，先錾成钎眼，插以钎子，打击钎子，使之劈裂，在抬帮线以上的大块岩石，即与整个岩层脱离，用宰（劈）石的方法按规定的大小宰成小块石料。

　　备料中的清料工作包括放线截边和平凿线。将开料得到的石料取平截直，打去不需要部分，使各平面大致平整，錾平石面，再按规定的线条凿线。拱脚石的抗压力应与拱石一致。

　　备料工作最后要进行石料验收和运输。其中拱石验收要按规格验收、编号、登记、按序排放。

8. 石料来源

石桥的石料，大多就地取材。在古代，运输业不是很发达，从外地运进石料建造石桥，成本会很高，所以，石桥的营造大多选用当地石料。

绍兴有丰富的石矿资源和较为特殊的石质条件，绍兴的石宕采凿历史可追溯到汉代。绍兴过去有会稽石、柯山石、东湖石、羊山石四大石材，十分有名。绍兴石宕的开采区域，主要分布在绍兴境内的尧门山、羊山、柯山、吼山，新昌县的洞林、西坑，嵊州施家岙等；此外，萧山境内古海塘沿线的航坞山北麓也有石宕遗存。

据史料和碑文记载，春秋时期，绍兴石宕生产的"条石"、"塘石"、"桥梁石"、"坟石"、"柱石"以及"石板"等石材，已在各建筑领域里广泛应用。历代匠人在此开采石材，为修桥铺路、建房建墓、筑亭竖碑、立牌坊、砌河岸的同时，还匠心独运、因地制宜、巧思妙想、巧夺天工地把采石后的残山剩水，雕琢打扮成独特的自然景观。

绍兴石宕开采的石料，有"会稽石"、"羊山石"等称谓。属凝灰岩，具有见风即硬的特点，抗压力强，石质优良，坚固耐磨。其石呈黄、青、灰、黑、白五色，当地采石工匠称其为"五色石"，素为越地主要建筑石料一大名特产。

绍兴不知从何时始，石宕改称石料场或采石场。新中国成立后，绍兴东湖、柯岩、下方桥相继成立石料手工业协会。绍兴市上虞区新开蒿坝蒿壁山、章镇鲶鱼山、王家汇半边山、百官蜈蚣山等石料场。主要用于造桥、兴修水利、铺设道路、建造房屋等。20世纪50年代后期，绍兴东湖和上虞成立石料厂，同时兴建了公社办的石料场。60年代初，这些厂、场相继停办。70年代，一些地方成立了石料公司，绍兴、上虞、新昌26个乡镇办起了石料场（厂），从业人员达3000多人。80年代后，采石业向多品种、深加工方向发展。其中：花岗岩开采为绍兴市石料主业，在全省占有重要地位。建筑石料以绍兴青石为代表，州山、江桥、陶里、柯岩等厂所产石料容重高、抗压强、耐磨久、天然级配好，广受各地欢迎，加工成各种规格，运销各地。据《绍兴市志》载，1990年，全市有石料场、厂共58家，职工4000多人，年产不同规格石料150万吨。众多高规格的石料为各地的仿古石桥建设和各类石建筑提供了源源不竭的材料，艺人祖传的精湛技术、雕琢匠心，打造了各种精致的构件，为石桥的营造增添了丰富的素材。除建材外，还有很多石制工艺品和石雕材料，以璀璨的石文化展现于古越大地之上。

9.脚手架制作和安装

木拱架是建造石拱桥所需的依托承台的上部构件。此构件按需筑石桥的拱形构建，架设在此承台的下部构件的木排架上。木排架是建造石拱桥所需的依托承台的下部基础构件，此构件与木拱架组合为拱桥建造的整体承台。

10.桥墩、桥台砌筑

（1）石梁桥桥台营造技术

石柱墩台砌筑

石柱墩台是由两根或三四根石柱与上、下盖梁以榫卯结合组成的。老石工称上盖梁为天磐，因下盖梁通常在水下，称水磐。石柱截面一般为近似于正方形的长条柱状石构件。石排架厚度一般在25至50厘米之间，其竖直平面形状呈直形或上窄下宽的八字形。石柱墩属薄形墩。石柱桥台由石柱排架与条石或块石砌筑的人行石桥阶共同组成，两者紧贴，仅由排架承受石桥梁。条石砌筑是起稳定作用和延接道路的作用。桥例：双柱直形石柱排架桥台有上虞小越乘政桥；双柱八字形石柱墩有新昌镜岭岩泉村平桥和上虞上浦封官桥。

石板柱墩台砌筑

墩台的石板柱是扁平的石质构件。其横截面中，宽度大于或等于厚度的1.5倍。以石板为墩，因宽度大，制成五排架比石柱排架要牢。这是墩台技术发展进步的结果。

填腹石柱排架墩台砌筑

填腹石柱排架是石柱排架的石柱侧面凿出直槽，在两柱间隙构筑入横向垒合的填腹石，填腹石设置的榫头入两柱相对的槽内，至顶后安装天磐，天磐石设置的阴槽套入柱顶，这是石柱排架墩台向石壁墩台演进的中间形态。填腹石柱排架墩台优于石柱排架墩。由于整个墩台呈平顺的石壁，对天磐、水磐受载有好处，只承压不承弯。桥例：小越徐陈村润泽桥、五福桥、齐贤五眼闸桥。

石柱壁墩台砌筑

把截面厚度相同的多根石柱并排并实作墩台。柱根入水磐的嵌脚槽，柱端套入天磐的阴槽，设置在墩台的基石上便成了石柱墩台。因桥墩正面顺直成壁，故称石柱壁墩台，这是从石柱排架墩台改进而成的。桥例：绍兴市区八字桥、绍兴市柯桥区马山姚家埭村的庙桥、斗门镇洞桥、钱清新甸益寿庄桥、华舍老街大木桥、丰惠镇长春桥、新昌回山蟠溪桥。

石板壁墩台砌筑

用二至四块石板拼实直立成墩台，这是石柱式墩台的改进和创造。用石板组合成石壁，增加桥墩抵抗船只对桥墩冲撞的能力，整体性比石柱墩好，因此石板壁墩台在水网地区广为采用。两板式石壁墩桥例有柯桥镇红木桥、东湖霞川桥、东浦大木桥、安昌向前村华桥、丰惠金家村回澜桥、东关湖村黄家桥、小越梁村登云桥等。三板式石板壁墩桥例有马山光济桥、斗门方徐村的万新桥、华舍蜀埠村永安桥、庙桥、安昌宁安桥、信公桥、柯岩丁巷大桥、上虞长塘何家桥、松厦联塘村镇海桥、小越冯山村永福桥、东关傅村万缘桥等。

石梁桥墩台技术演进路线：

石柱墩台　↗填腹式石柱墩台→石柱并列成壁墩台↘　　↗有梁榫的石板壁墩台

　　　　　　　　　　　　　　　　　　　　→石板壁墩台

　　　　↘有间隙的石板壁墩台　　　↗　　↘元宝形横截面石板壁墩台

古代桥匠将石梁桥的边孔石梁一端直接搁在条石砌筑的桥台上，稳定的条石桥台将石板壁桥墩的静不定结构变成了静定结构，从而克服了它的弱点。

（2）石拱桥桥墩砌筑

绍兴山区石拱桥桥墩多用实体平首墩或实体尖首墩，能增加桥梁的稳固性。如嵊州万年桥、新昌大庆桥、诸暨石砩桥、嵊州金兰桥。在平原水网建桥，为减轻桥的自重，往往采用薄墩结构，三孔薄墩薄拱是常见的桥型，如泗龙桥、太平桥、东浦新桥、接渡桥等。泾口大桥薄墩薄拱相接的最薄部位只有15厘米。在广阔的水面上，这类薄墩联拱桥显得高大、宏伟、灵巧、优美，是水乡石桥的精华。这类薄墩薄拱桥拱脚处总厚度在50至100厘米之间，薄墩的拱脚相贴，使桥墩的重量减到极小。多孔薄墩薄拱可分为数孔高平齐式和高低孔对称的驼峰式。泗龙桥、新桥为驼峰式；接渡桥为三孔等高式。

绍兴石拱桥的桥台有多种结构形式：一是平齐式，即桥拱与桥台驳岸平齐砌筑，如谢公桥；二是突出式，即桥台突出于驳岸，这类桥梁在绍兴较多见，如沈家桥、光济桥等；三是补角式，即在二式的基础上，在桥台与驳岸的转角处砌筑补角驳岸，如都泗门桥；四是埠头式，这种在桥边有埠头的类型在绍兴较多，如绍兴城区的大庆桥、宝珠桥、凰仪桥、拜王桥等；五是纤道式，桥下设纤道，实为立交桥。浙东古运河上，广宁桥、太平桥、融光桥、泾口大桥组成了古立交桥群。

11.石梁桥的石梁制作安装

石梁桥的石梁有多种形式。如简支梁、具有梁榫的石梁、梁板式组合梁、微拱的石梁、伸臂石梁等。

简支梁。有石板形的，其横截面横宽大于梁高；还有横截面的横宽等于或小于梁高。后者多见于山区，如上虞胡村安吉桥。

具有梁榫的石梁。石梁搁置端梁厚小于净跨段（中段），梁厚为5厘米左右，这是工匠有意凿制的，石梁榫头把墩台帽石扣实，使整座桥变得紧密。

梁板式组合梁。一座桥的两条石板梁分居两侧成边梁，中间空隙由多块横向的石板搁置在边梁上组成部分梁板式组合梁，有嵌入式组合和搁置式两种。上虞樟塘乡南横村的隆新桥为嵌入式，小越赵巷村的圣仙桥为搁置式。

微拱的石梁桥。如八字桥、兰亭桥和上浦永丰桥，微拱梁可提高桥孔净空高度以增加桥形的曲线美。

伸臂石梁。各种类型的石梁都是石梁桥跨越功能的部件。伸臂石梁是在桥墩和桥台上架设多层递伸石梁体现跨越功能的部件。伸臂石梁桥的伸臂部分和其上的整体石梁形成跨越功能的组合。从桥台、桥墩的角度，也可将伸臂石梁理解为伸臂式桥台、伸臂式桥墩的组成部分。伸臂石梁桥有奎元桥、万缘桥、品济桥、胡村桥等。

多跨石梁桥梁跨间的不同配置技术：

石梁平桥。多孔石梁桥的梁端首尾相叠，形成一档石阶的石梁平桥。如上虞曹娥光明村的助工桥。

各孔有高低的多孔石梁桥。两跨以二三档石级相连，如绍兴齐贤西山凤林桥、东关张江村的后龙桥；三孔石梁桥的中孔一端在墩上设一级石级，另一端在墩上设二级石级，与边孔相续，如安昌星光村通济桥、绍兴斗门宝积桥。拱梁组合的阮社太平桥的石梁部分，采用多档石级依次下降式石梁与通水孔平梁相接的模式。

斜梁孔石梁上凿制石级，中孔平梁配置，如东关芦山村葫芦山桥。此种类型在国内甚少见。

两端边梁配置纵坡的三孔石梁桥。三孔梁桥的桥面呈折边线形，如绍兴福桥和斗门方徐村的万新桥。

桥台处的地势较低，三孔石梁桥的两个边孔石梁落低，梁上

设石级接通航中孔，使桥跨紧凑实用。如柯桥红木桥。

以上多种结构与现代简支梁结构技术相符。

12.拱桥拱圈砌筑和构筑

桥拱的营造分为砌筑方式和构筑方式两大类。砌筑方式是用传统灰浆和干砌建造建筑物的方式。砌筑方式一般是无铰式，构筑方式是有铰式建造桥拱的方式。拱圈营造都采用由下而上的分段砌筑法和构筑法。

拱圈砌筑和构筑程序：

拱圈的砌筑通常是指无铰拱的营造，拱圈的构筑通常是指有铰拱的营造。

折边拱构筑：折边拱桥的拱圈分为五折边拱桥和七折边拱桥，即拱圈呈五折边形或七折边形。横向条形石板称为链石，榫卯结构横向拼实组成折边平面拱板。上下拱板间设有倒梯形截面的横系石，即锁石。锁石上设榫孔，链石上设榫头，互相套合组成折边拱圈，各折边相交的夹角相等。链石与锁石间结合，使之成"铰"。所以折边拱桥属多铰拱结构。现存的折边拱石桥都是链石与锁石结合的多铰拱结构。它是半圆链锁拱桥、圆弧链锁拱桥的先导。天台县有折边是圆弧或悬链线形的折边拱桥，但折边之间仍有交角，没有形成整体圆弧，这是前两者的一种过渡类型。

圆弧拱砌筑：用砌筑方式营造的圆弧拱通常有半圆拱、小于半圆的圆弧拱、大于半圆的马蹄形拱、椭圆形拱、多心圆弧拱、悬链线拱等。链锁结构的圆弧拱与折边拱组合的原理一样，无非是拱板由平直的变成了圆弧的。由于桥拱的圆弧不同，分别构成半圆拱、小于半圆的圆弧拱、马蹄形拱、椭圆形拱、多心圆弧拱。唯独古悬链线拱桥未见有链锁结构的。从现存石桥分析，有铰的链锁结构圆弧拱砌筑方式最早不会超过唐代，建于唐代以前的石桥都是无铰拱结构。这些无铰拱圆弧拱结构有这样几种类型：长方形小块块石横向并列纵向错缝砌筑；长条石横向并列纵向错缝砌筑；整条石横置并列砌筑；长条拱石横向并列纵向分节砌筑（每节之间拱石缝有相错和对齐之分）。有铰拱和无铰拱的拱石以每个部位的弧度要求成型。

到明清时代，链锁结构的圆弧拱桥的构筑已实行标准化生产，部件是事先加工好后，到现场进行组装的。

链锁拱桥建造拱圈的程序：

1.主墨（也称柯尺或绳墨）匠师根据桥东（主办者）确定的规模（桥长、桥宽、桥高、跨径、桥栏等方面的要求）在平整场地上进行1∶1的大样放样，放出拱圈的厚度，券脸石、拱眉的厚度，分出拱板段落，确定链石块数，锁石条数，券脸石、拱眉块数，确定每块拱板、锁石、券脸石、拱眉的三度（厚度、宽度、长度数）尺寸。

2.木工按链石、锁石、券脸石、拱眉的位置、图样、尺寸制作样板，主墨匠师按各自位置进行编码。如果是一座七链六锁的拱桥，脚段拱板的链石为"甲"字，然后依次上编。横向链石再加数字为序。"甲1"至"甲7"为券脸石。锁石以地支为序。

3.主墨匠师将木样板送到桥部件加工的石场，交给凿制师傅。石场按要求采好毛石料，凿制师傅将毛石料按木板样加工成正式的石质桥部件。凿制前的发墨当然是由主墨匠师亲自实施，主墨匠师将榫孔位置用墨线弹出，向凿制师傅交代制作要求，凿制师傅完工后，桥部件由主墨匠师编号运送到架桥工地有序堆放。

4.主墨匠师进行部件试拼，有误差则进行修正，使之顺当为止。在进行薄拱圈制作时，主墨匠师要组织墩台条石、块石砌筑，当墩台砌出水面时要在顶面发墨，凿制构筑拱板的嵌脚槽，构筑长柱石的嵌脚槽，当长柱石与龙头石凿制完成后，进入拱圈的构筑工序。

5.搭设简单支架，如为三跨桥则要同时按孔位搭三个简单支架，并在岸边安装好人力绞磨。

6.拆坝、拆围堰，使河道通水、通航。

7.河道通航后，可以将拱圈部件按序装船运到桥孔安装。安装作业是构筑拱圈的关键工序，使用支架、人力绞磨、滑轮、绳索等工具，在主墨匠师的统一指挥下，有序进行操作。各段拱板与锁石是先靠在支架上的，支架与链石、锁石间设有退拔榫，这为合龙成拱预做可微调的准备，往往是起吊升高部件用绞磨、滑轮、索具平移就位，落榫时用人力相助。支架的牢固是构筑拱圈的主要条件。整座桥的作业通常是单孔用1至2天，多孔桥各孔脚段甲字号拱券先行安装，按先安装边拱、后安装中间拱券的顺序，由下往上一层层安装，一般5至6天可完成三孔桥拱的安装。榫卯结构有铰连接的链锁拱由于部件比块石大，不用砌筑方法，而是用构筑方法。榫卯结构可以经过预拼，在构筑中偶有不顺只要稍事修凿即可。

跨度超过10米的拱桥必须分段砌筑。理由是拱圈砌筑时，因拱石增加，拱架会变形。如由两拱脚直接对称砌至拱顶，则拱架将向上拱起，拱圈上突，大跨度时，拱圈轴线会超出设计范围，拱内应力增加，不符合设计要求，降低设计强度。因此，桥跨度大于10米的石拱桥必须分段砌筑。

刹尖封顶。刹尖封顶亦称尖拱、压拱。拱石砌置到拱顶，留下龙门口一条，用尖拱技术进行合龙。刹尖封顶是石拱桥施工中，砌筑成拱前的最后一道施工工序。拱券合龙前的尖拱程序：在拱顶预留合龙的空档，先插入尖板石两块（里边斜坡较陡），用楔形木尖用大力尖下。待尖到一定程度时，用一套口较陡的尖板石靠近原尖点，用坡度更陡的木尖大力尖下，等第一套木尖松动时，再换一套更陡的尖板石和木尖，照此方法继续进行。当大力尖下时，全拱震动，等到两边拱石隆起即行停止，检查拱石无挤碎和滑动，结果良好,砌拱成功,尖拱和压拱工序完成,尖不起拱的拱券无法成拱,需重砌。

使用木拱架进行拱圈砌筑时,拱架排架要精细制作,以使拱圈曲线光滑,没有局部的突出下降。

拱石紧贴模板的一面应清洁平稳。

并列砌置、分节并列砌置的拱石如有榫和卯,合龙后在拱背压重,使拱石密合。拱券砌后再砌山花墙,山花墙砌后再用土石填实。砌山花墙可采用"钉靴式"翅墙,至桥台可用"蜂窝式"砌法。

(1)绍兴石桥拱券石的连接方式:一是无铰拱石连接,此种方式使用较普遍。二是有铰拱石连接,俗称链锁连接。其主要特征是有卯和榫,其有卯部件称链石,有榫部件称锁石。原理与房屋建筑中的卯榫相同,如市区拜王桥的拱券就采用有铰石连接法。明、清时代的绍兴半圆拱桥大多采用此法。绍兴石桥有以下几种石桥的卯榫结构:开口槽、嵌脚槽、墩台天磐石阴槽、整长止口槽、空箱式桥台中嵌脚槽、竖直槽、阴槽的组合式、舌榫结合式、实体式墩台转角平面榫结合式、丁石的狗项颈式榫结合、石梁的铁键结合、拱石的榫结合、桥栏柱石与桥栏板的卯榫结合等多种卯榫结构。三是双腰铁连接:双腰铁连接是用两头大中间小的腰铁连接无铰拱的形式。赵州桥就是用这种方法连接并加固的。

(2)拱券外侧独立拱券的砌置:拱券外侧用高档石料作精加

工，以镶嵌一圈精美、准确的拱券。其作用有三：一是增加拱券强度；二是增加美感；三是准确表达拱券线型。桥梁砌置中，常见如此的独立拱券，即使是乱石拱上也往往加上此独立拱券，能使乱石拱乱中有序，内乱而外齐。如玉成桥即为此例。

（3）长系石和间壁的砌置：绍兴石桥中常配有长系石与间壁，它在山花墙中，作用均为增加拱券的强度。在山花墙中嵌以长系石，如左右对称安放，不仅使拱券内在更为牢固，也增加了外在的美感。间壁往往是竖式放置，能使桥梁坚实，增添美感。

（4）顶盘石的砌置：顶盘石是放置在桥顶稳定桥型的基石。当拱桥使用尖拱技术后，拱桥脱离拱架，靠拱券挤紧形成了精确的弧度后，就要在桥顶上放置这顶盘石，其重要性不亚于龙门石。绍兴石拱桥上顶盘石有方形顶盘石、圆形顶盘石两种。

椭圆形拱、古悬链线拱桥施工技术：

1990年，本书作者罗关洲在绍兴和其他地区发现了一系列古悬链线拱石桥，填补了《中国古桥技术史》的空白，这类石桥的先进桥型在明清时代必然位居世界前列。古悬链线拱在绍兴首先发现的是新昌的迎仙桥，第二座是嵊州的玉成桥。对迎仙桥、玉成桥的桥拱曲线实测数据与标准悬链线拱数据基本相合，证明我国古代桥梁建筑技术已相当高超。悬链线拱比圆弧拱更为合理，它在静载条件下，各截面变距均为零。悬链线型拱桥是我国20世纪50

年代才从国外引进的世界先进水平的桥梁技艺。绍兴地区在明、清时代就开始应用这一先进的桥梁技艺，这实在是一项惊人创举，是绍兴石桥技术的精华。

迎仙桥、玉成桥的半立面图和测量计算数据如下所示：

下为迎仙桥测量计算数据，$M \approx 6.563$

截 面 №	拱 轴 座 标 y1/f
（拱脚）　　　0	1.0000
1	0.7758
2	0.5955
3	0.4507
4	0.3349
5	0.2428
6	0.1700
7	0.1133
8	0.0701
9	0.0384
10	0.0136
11	0.0041
（拱脚）　　　12	0.0000

下为玉成桥测量计算数据，$M \approx 9.889$

截 面 №	拱 轴 座 标 y1/f
（拱脚）　　　0	1.0000
1	0.7567
2	0.5673
3	0.4200
4	0.3059
5	0.2177
6	0.1500
7	0.0986
8	0.0603
9	0.0327

10	0.0142
11	0.0035
（拱脚）　12	0.0000

本课题研究中又在本地区发现两座悬链线拱桥：新昌镜岭岩泉村悬链线拱岩泉桥和绍兴市柯桥区王坛镇上王村复初桥。实测数据计算结果如下：

下为复初桥测量计算数据，M≈7.570

截　面　№	拱　轴　座　标　y1/f
（拱脚）　0	1.0000
1	0.5249
2	0.3890
3	0.2549
4	0.1569
5	0.0980
6	0.0196
7	0.0000

[叁]石桥材料运输吊装和石桥建材

浮运架桥法。浮运架桥法是建桥的一种特殊搬运技术，即用船装上桥面石，船中盛有一定数量的水，船将石运至桥下一定的位置，将船中的水舀出，水的浮力将船托起，石料升至确定的位置，将石料从船上卸下，桥石就可以轻松地在桥上定位。

替梁木架桥法。绍兴不少石柱石梁桥的柱顶横梁和桥台横梁上有替梁托木槽。替梁托木安置槽内，石梁依托木梁安装就位。绍兴城区八字桥、咸宁桥的桥台横梁上有替梁托木槽，咸宁桥的替梁木至今还在。

石桥建材：建桥材料是桥梁寿命的一个关键问题。绍兴石桥十分讲究建桥材料的质量，一些石桥已延用千年，依然坚固如初，其中重要原因就是用材质量上乘，现在钢筋混凝土一般寿命为一二百年，石桥却能超越千年，足见优质石桥仍有推广价值。另外，绍兴还有不少建桥基本材料和辅助材料。

绍兴石料丰富，选用桥梁的石料一要选择品质坚硬、成分纯粹的石料类，二要选用同类石料中的上品。为了达到第二个要求，往往采用一座石矿中的岩石深处未经风化的岩心为料，因此工程甚为艰辛。绍兴东湖就是开采岩心石料留下的遗址。

建桥除基本材料外，还要有辅助材料，如桐油石灰，主要用于填缝，使之平实；锡主要用于浇填桥基、桥墩石缝；三合土主要用于石料粘接；蛤蜊则是在海边石桥基础建好后，放养蛤蜊利用其繁殖的特点，形成桥基周围加固层，此技术在三江闸桥建造时曾应用过，效果颇佳。而蛤蜊在绍兴水乡很多；此外，竹、木料在石桥建设中也广泛应用，木材大多是松木，松木作桥柱、桥桩可防腐，有"千年不烂水底松"之誉。近年，绍兴石桥出土的木桩有远在汉代、宋代的，出土时还能保存完好的本质。绍兴小江桥桥基木桩经C14检测，已有一千多年历史。

[肆]石桥构筑的榫卯结构技术

绍兴桥工创造了多种形式的石桥的榫卯结构。绍兴石桥主要构件的砌筑大多采用料石干砌，无论拱圈、桥墩、桥台及台后接线的挡土墙等重要部件的构筑都不用胶结材料。绍兴古代的建桥胶结材料有石灰沙浆等。绍兴石桥能服务于人们经数百年而不坏，其中一个重要原因是匠师在构筑中，对一些关键部位的构件间的结合面采用了榫卯结构，使桥跨在自重与外载作用下，构件间不能移位，达到整体受力的效果。古代匠师在建桥中，结合处榫卯结构的榫槽构件制作尺寸精确、技术精良（如表面平整度、顺直度等），极大地增加了桥跨的整体牢度和耐风化的能力。桥工在料石构件间采用榫槽结合是从木结构构件间的榫槽结合套用过来的，套用本身是创造性的应用，人们在古建筑的殿堂、广厦中常看到石廊柱，石廊柱顶端与斗拱、大梁的结合是榫槽结合，榫是石构件，而槽设在石柱顶端，互相结合不能移位，传递重力。桥跨的料石构件间，互相结合的榫槽，其结构构造在古籍中所载极少，就是近代研究石桥的著述中，所载也很少。

绍兴石桥榫槽结合的形式有以下几种：

1. 开口槽

开口槽是对条石或石板的边缘开一个或两个矩形的口子，称开口槽。它和相邻石构件间的结合是明结合，如梁式桥的顶档踏步通常是梁头，第二档踏步就设开口槽，槽深≥10厘米，把三条相并齐的石梁夹卡在槽内，使石梁不能移位，以保持桥梁的宽度不变。

长山担山村万安桥，崧厦韩家村的会源桥，在这两座桥的第二档踏步中，槽口紧紧卡死石梁厚度的下半部；中塘梁巷村的锁萃桥，顶档踏步与石梁面齐平，顶档踏步的槽口卡住了石梁厚度的上半部；联丰联塘村的小分金桥是折边拱石桥，竖置的桥名底缘设了两个槽口，分别卡死顶拱板两侧的横系石，使横系石间距不变，并通过桥名板传递内力成拱。

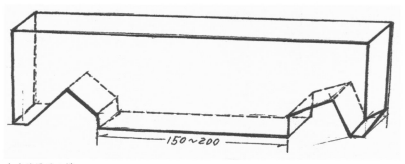

左右端设开口槽

2. 嵌脚槽

嵌脚槽是设在墩台水磐、基石、天磐（即台帽）、随带石（桥台石级两旁，顺桥向的长条石）上的坑槽，坑槽内安装栏柱、栏板、鼓石或石壁、石柱。把安装入内的构件最低的小段围定在坑槽内，使之不移位，称嵌脚槽。为设在台帽石上的嵌脚槽，凡石壁式和石柱式墩台的水盘（即下盖梁），均设有嵌脚槽，以制止石壁、石柱的位移。桥台随带石上要安装栏柱、栏板和鼓石，其上设有嵌脚槽，以

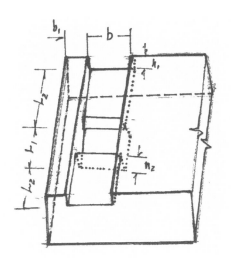

嵌脚槽

便安装,并制止它们的位移。以大板构筑的空箱式桥台底板上设四周环形的嵌脚槽,以安装侧板和横板。

3. 墩台天磐石的阴槽

石桥中墩台帽因其对着天,老石工称天磐。面墩台的基石置于密植木桩基础之上,石柱、石壁墩台的下盖梁置在基石上,均在水下,老石工称为水磐。天磐的上表面能见到太阳称阳面,反之其底面见不到太阳称阴面,凿制在阴面上的槽,称阴槽。石柱式或石壁式墩台的天磐均设有阴槽,天磐安装在石壁或石柱的顶端,使其顶端入槽,既固定石柱的间距,又能制止石壁或石柱顶端的位移。

桥例有樟塘湖村黄家桥。

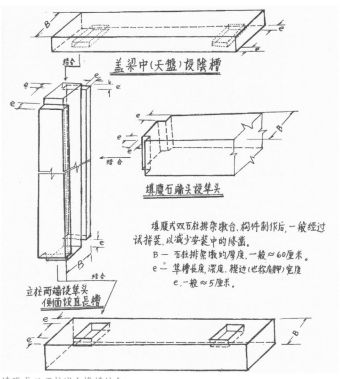

盖梁中（天盘）设陵槽

填腹石端头设隼头

填腹式双石柱排架墩台，构件制作后，一般经过
试拼装，以减少安装中的修凿。
B —— 石柱排架墩的厚度，一般≈60厘米。
e —— 隼槽长度、深度、榫边（也称肩脚）宽度
e，一般≈5厘米。

立柱两端设隼头
侧面设直长槽

填腹式双石柱墩台榫槽结合

4. 整长止口槽

条石棱线处凿去一个小矩形呈截面形状，老石工称止口，把凿
去的小矩形延续到条石长的全部，即为老石工所称的整长止口槽。

崧厦雨化桥的桥名板，它的两端安装入桥台的嵌脚槽，桥名板

与边石梁结合处设有整长止口槽,使桥名板的部分自重传递给边石梁。樟塘南横江村的隆新桥是梁板式石梁桥,它的上部梁板呈横截面。整长小口槽凿在石梁上成了板的搁置点。桥例有隆新桥。

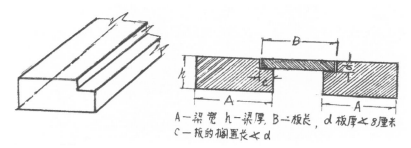

A—梁宽 h—梁厚, B—板长, d—板厚≮8厘米
C—板的搁置长≮d

长止口槽

　　栏板(桥名板)与石梁结合的整长止口槽:

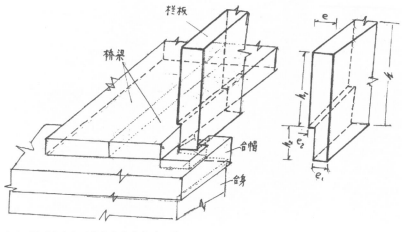

栏板(桥名板)与石梁结合的整长止口槽

5. 空箱式桥台构造中的槽结合

空箱式桥台用大板构筑。老石工把长度约2.0米、宽1至1.2米、厚度8至12厘米的石料称大板，空箱式桥台石梁桥均为单跨，台后至岸均有一段接线，这段都是用大板构筑的延续空箱。联丰联塘村的联塘桥最有代表性，此桥一端桥台与接线是以六块大板组成

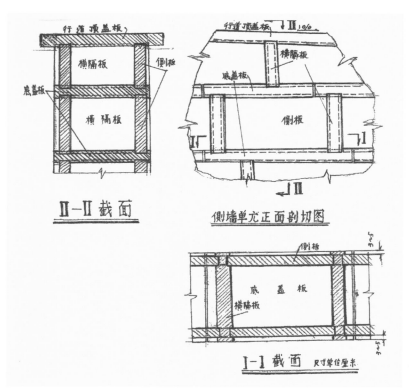

空箱式桥台空箱构件榫卯结构

的六面体空箱为单元的。空箱单元的横截面,旁(侧)板的两端插入横(丁)板上所凿制的竖直槽内。空箱旁(侧)板和横(丁)板组成的箱框,其下端入底板的嵌脚槽,上端入盖板的阴槽内,组成严实的空箱单元。此桥中一端桥台与台后接线就采用空箱单元,上、下叠接,前后延长组成,通常一座桥有三四层空箱,叠接时底层空箱的盖板是上层空箱的底板,所以可省去一层底(盖)板,延长时可省去一块横(丁)板,巧石匠在配料时改变单元的顺桥长度使横(丁)板上、下层错开。这类桥就靠多种槽结合达到坚固耐用又省料,可以说这是中国石桥建造中的奇迹。在全绍兴地区,这类桥仅存在于上虞。空箱式桥台是从石廓结构套用到桥跨的。

6. 空箱式桥台竖直棱线处的结合

大板构筑的空箱式桥台,在桥孔两台左右各有一条竖直棱线,棱线处如采用空箱横(丁)板的槽结合很容易被通过桥孔的船撞

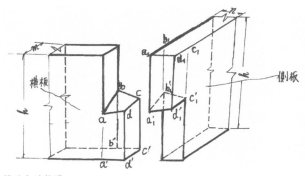

空箱式桥台榫结合结构图

坏，现存空箱式桥台石桥，均采用竖直棱线处横（丁）板和旁侧板结合的构造。

　　对角双斜面的结合，避免了船只过桥孔时擦撞对空箱式桥台正面横（丁）板的损坏。其构造如图。

　　7. 舌榫结合

　　舌榫因其榫孔有点像嘴，榫头像舌而得名。舌榫结合常用于随带石的接长，设在两条石的端头。由于随带石位于桥台踏步档的两侧，有坡度，所以榫与孔是呈倒梯形，安装时必须自上而下落下，并用橡皮锤击之，石工称落榫，一旦完成组合，很难分离。即使把两

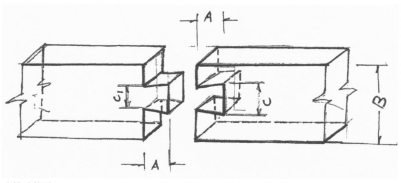

舌榫结构图

条石抬起，也很难把做得密切的舌榫结合无破损拆开。实例有：小越堰头村伏龙桥随带石上的舌榫。

　　8. 抽屉榫与榫孔的结合

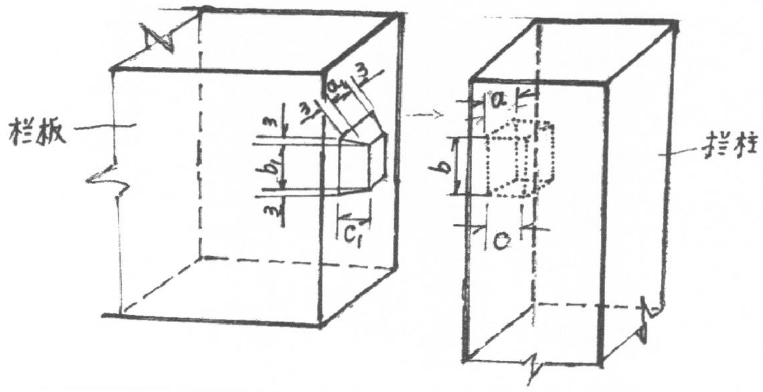

桥栏构件间结合的抽屉榫

　　抽屉榫因其榫头与榫孔分别设置在两个石构件的端头，可以轻易地拉进推入，如写字台的抽屉而得名，通常此结合用在栏柱与栏板、栏柱与鼓石的结合。通常栏板或鼓石端设榫头，栏柱设榫孔，一般榫孔深度为构件厚度的1/4～1/5，榫头的尺寸与榫孔相配略小，榫头突出的长度为榫深减一分（鲁尺），这样配置才便于安装。老木工或老石工称这种榫结合为半榫结合。实例有：小越祈山村思成桥栏柱。崧下雨化桥栏板上的榫头抽屉榫结合完成后外表看不见，是属暗结合。

　　9.“T”形截面栏柱与栏板的结合

　　丰惠街河上的永丰桥，它的栏柱截面（横）呈“T”形，尺寸

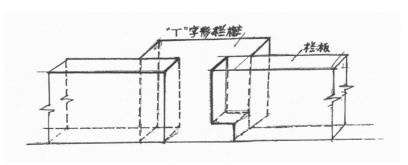

"T"字形截面栏柱与栏板的大直槽

较大，"T"形截面是矩形截面两侧设了安装栏板的直槽形成的，栏柱插入墩台帽嵌脚槽的小段仍为矩形，深度≥10厘米，栏柱的"T"形截面上的两翼把栏板紧紧关牢，使栏板也稳实。石工的设计可谓匠心独运，这比抽屉榫结合更耐用。实例有：永丰桥扶栏。

10. 梁榫和墩台的结合

梁设榫见于樟塘湖村黄家桥。黄家桥为石壁墩台，三跨石梁桥。它的石梁（每跨两条）搁置端厚度小于石梁厚度2~3厘米，低

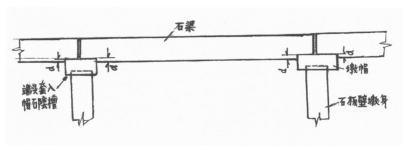

石梁桥结构图

于帽石顶平面的2~3厘米紧卡墩台帽成了梁榫。石壁墩墩身体积小，较实体砌筑墩单薄。其顺桥向的稳定性差，经过梁榫的紧卡，桥跨的纵向稳定性大大增加，耐久性延长。其次，就石梁横截面跨中梁高大于搁置点的梁高（如房屋建筑中的鱼腹式梁）来说，接近自重引起的梁内弯矩曲线图形，带有科学性。黄家桥三跨，每跨梁均有"梁榫"，这是石工匠师的刻意之作，从科学性出发，比一般无梁榫的石壁墩石梁桥前进了一大步。

11. 实体式墩台竖直棱线处（转角处）的平面榫结合

平面榫结合是因为顺桥向侧墙（古籍中称金刚墙）条石与桥台正面墙条石在棱线处互相叠合，接触的一小段很像榫头，它的构造和设置的目的，是石工从实践中得来的，老石工把凿制条石端头平面榫称"盘头"。实例有：华镇裴家村友宜三桥桥台棱域处的平面榫结合，条石制约。

当船只过桥孔时很难避免撞擦墩台，条石砌筑层层压实的墩台棱线处条石的结合面在没有平面榫设置时，常在大小不同的冲量多次作用下被撞产生位移，位移扩大直至条石的一端离开母体，甚至整条条石跌落河中，危及墩台和行船的安全。为了制止此现象的产生，石工匠师创造了棱线处结合面的平面榫结合。现存的条石砌筑的实体墩台棱线处设有平面榫结的桥跨实例有：长山担山村的万安桥等，而道墟新民村的大刚桥棱线处条石结合面的平面榫

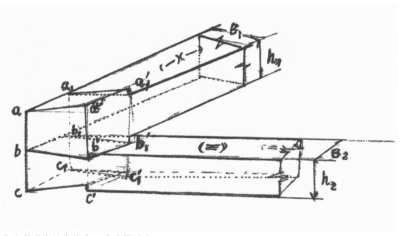

实体式墩台竖直棱线处平面榫结合

结合又有很大的改进，更不怕行船的撞击、带擦。大刚桥建于公元1821年，192年后的今天，桥台整体如初，棱线处的条石结合面的平面榫结合功不可没。

12. 丁石的狗项颈结合

石桥的桥台侧墙和台后接线的挡土墙，通常是条石丁顺砌筑的连续墙，每层条石的竖缝错位，匠师为使左右墙间距（即横桥宽度）不变，在一端的丁石安置有长丁石，长丁石的端头露出墙面3~5厘米，并凿制狗项颈，使其缩颈。砌筑中的某个位置安砌了两端设有狗项颈缩颈的长丁石，起保证两面墙间距不变的作用。当然这种长丁石越多，效果就越好。永和安家渡永安桥台后侧墙上的长丁石,突出墙面的3~5厘米,把上下左右四条条石关紧,使其不移位。

丁石端带狗颈缩颈的长丁石不是每座桥都有,就是有也是少量的。

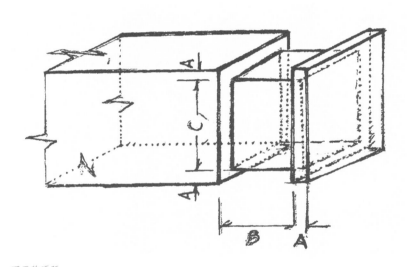

丁石狗项颈

13. 链锁拱石桥中锁石(横系石、龙筋石)和链石(拱板)间榫结合

链锁拱石桥的拱圈由锁石与链石组成,折边拱石桥的拱圈由横系石与拱板组成。锁石与链石,横系石与拱板间都设有榫结合。从拱圈的受力体系而言,都属于多铰拱。多铰拱的铰就是锁石、横系石。锁石与链石的榫结合,在外表是看不见的,是暗榫结合,也是

抽屉榫结合，不过锁石与链石榫结合好了后，也就成了拱，很难分开（除非倒桥），这不像栏柱与栏板的抽屉榫结合。

链石（拱板）如图。

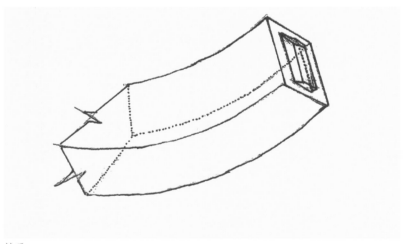

链石

14. 栏柱和石梁间的槽结合

石梁桥的栏柱安装在墩台帽的嵌脚槽孔内，紧贴边梁的外侧面，栏柱把石梁限定在两侧栏柱的净宽内，制止了石梁的横向移动。永和安家渡村的永安桥与戚家村的永福桥不设扶栏，石工采用矮柱来制止石梁横向移动。哨金见龙桥的栏柱与边梁侧结合的部位设了槽，老石梁桥设槽的用意何在？一方面是为了更好地限制石梁的横向移动；另一方面是钳制石梁头的上翘，使上部构造更严谨。小越越北村的镇东桥不设扶栏，采用设槽的矮柱，同样栏柱与石梁的结合面设槽，槽的扣合使上部构造更严实。

15. 石梁间的铁键结合

嵩坝清水闸是三跨石梁桥，石梁表面钉有铁键。钉在梁头与梁头和两条石梁间，键束腰形，石梁上的键孔深是梁厚的1/2~1/3。这种铁键可认为是脱离母体的榫头，铁比石坚，耐击打，铁键盘结合使石梁增加整体性，保证开闭闸板中，撞石梁时石梁不动。为了保证闸槽宽度在长久的使用中不变而设。

铁键用于石结构的石桥中的桥例还有始建于隋代的河北赵县的安济桥。

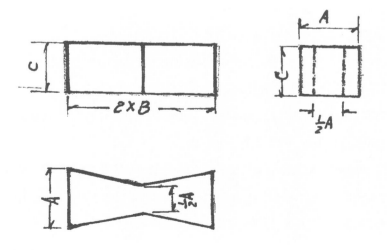

铁键结合图

石桥的墩、台、石梁、拱圈、扶栏均为条石或料石构件砌筑，相互结合不用胶结材料（当时也无胶结材料），组成上下部结构，在相互结合时使用榫槽结合，可增加结构的整体性，延长使用年限。榫槽结合用于石桥需要建桥的主管匠师统筹每个细部构造，榫槽凿制，精工细作，尺寸精确到位，位置准确，安装有序。不然，安装时就会出现装不拢的情况。说是砌筑，实际构筑的成分是相当大的。由于上述严谨的要求，促使社会上的石作铺诞生。石作铺的老板就是"柯尺匠师"，相当于今天的工程师或总工程师，他从全桥的构思至完成要有下列步骤：构思→到采石场订购各种尺寸的毛料→把毛料运至石作铺或工地现场→组织石工凿成构件（也有先制作木样板的）成形→构件编码（如拱圈中锁石、链石）→有序地砌筑、构筑、安装（包括安装中的小修理）→完成。采石场、石作铺在1949年以前很多。石桥构件组织联合生产形成了石桥产品的工厂化、标准化和精细化，它促进了石工工艺的提高，达到既快又好的效果。我们看到不少石拱桥、石梁桥，其结构造型甚至基本尺寸都很近似甚至相同就是这个原因。

榫槽结合是随着社会经济发展而产生、优化的，最明显的是梁式桥的空箱式桥台，在清代中期石桥中也未曾见到，说明空箱式桥台大板间的槽结合是晚清和民国时期的产物。

绍兴的石桥中有为数不少的古闸桥，均为木板泥心闸，这就需在墩台的每层条石上设闸槽。这是石结构与木结构的结合，层层条石砌筑的墩台墙上设竖直的闸槽，就要求建闸匠师作统筹设计，对闸桥选料、构件制作的技术要求会更高。

石桥营造技艺的成就

绍兴现存石桥七百零四座，为国内一个地区内石桥数量之最。绍兴石桥品类齐全，而且许多取得了国内『桥梁之最』的称号，这使绍兴石桥更具光彩，更具技术的独特性。

石桥营造技艺的成就

　　绍兴现存石桥704座，为国内一个地区内石桥数量之最。绍兴石桥品类齐全，而且许多取得了国内"桥梁之最"的称号，这使绍兴石桥更具光彩，更具技术的独特性。其中，绍兴石桥中有38座被收入《中国科学技术史》桥梁卷，是这部著作中入选石桥比例最高的地区，所以绍兴有着"桥乡、桥都、古桥博物馆"的美誉。

　　绍兴石桥有23个桥型，构成了一个完整的石桥系列，有些桥型为绍兴独存，在别的地方已不可见，特别是悬链线拱桥、折边拱桥，这两者的技术含量高，国内只有绍兴有，十分珍贵。绍兴石桥榫卯结构的构筑，形成了20多个品种的技术系列，可以说，绍兴石桥具有十分完整和先进的石桥营造技术系列。

　　现代桥梁设计寿命在一百年左右，而绍兴石桥寿命能长达千年以上，体现了绍兴石桥的长寿性。这种长寿性源于绍兴石桥的科学技术结构，建桥石材质量的讲究和布局、选址的合理。绍兴石桥结构布局考虑到行人、车辆的通行需要，又要考虑桥下通航需要、纤道设置需要，还要考虑到排水需要。如八字桥、浪桥、太平桥等较为典型。

[壹]绍兴石桥营造技艺之最和石桥部件之最

1.石桥营造技术之最

中国现存最古的城市桥梁——宋代八字桥

中国最古的七折边拱立交桥——宋代广宁桥

中国现存始建年代最古的并列砌筑半圆拱桥——晋代光相桥

中国在明、清时代最早出现的悬链线拱石桥群——迎仙桥、玉成桥

中国唯一的唐代始建特长型顺河而建多桥型组合桥——纤道桥

中国最薄的薄墩薄拱三孔驼峰拱梁组合桥——泗龙桥

中国最佳的高低孔比例合"黄金分割"马蹄形驼峰拱桥——酒桥

中国唯一的三孔马蹄形拱梁组合立交桥——泾口大桥

中国最古最长的海口闸桥——汤公桥

中国桥孔最多的三折边石桥——溪缘桥

中国现存重建年代最早的五折边拱桥——宋代拜王桥

中国唯一七折边石桥群——广宁桥、谢公桥、宝珠桥等7座

中国数量最多的三折边石桥群——宋代和尚桥等58座

中国数量最多的五折边拱石桥群——拜王桥、永嘉桥、外山桥等9座

中国数量最多的古立交桥群——广宁桥、太平桥、融光桥等5座

中国数量最多的伸臂石梁桥——品济桥、万缘桥、奎元桥等5座

2.石桥部件的中国之最

中国最早的软土地基木桩密植基础实例——绍兴湖塘出土的汉代湖塘桥的软土地基小桩密植基础的科学排列。

中国层数最多、最厚的桥基石板——广宁桥的石板桥基。此桥的桥基石板多达7层，厚达2米。

中国最长最重的整条桥基石——东双桥的整条桥基石。此桥用了整块的长条条石作桥基石，其基石长5米、宽0.75米、高0.55米，是目前国内最大的整条的古桥桥基石部件。

中国最长最重的桥名石——广宁桥桥名石，长6.20米、宽0.20米、高0.81厘米，重约26吨。

中国最长的抱鼓石——广宁桥抱鼓石，长2.67米、宽0.66米、厚0.20米。

中国最高的抱鼓石——东双桥抱鼓石，长2.68米、高1.10米、厚0.28米。

中国品类最多的龙门石雕——绍兴石桥8组龙门石雕，分别为广宁桥、太平桥、广溪桥、大木桥、宝珠桥、茅洋桥、谢公桥、泗龙桥。

[贰]承载石桥营造技艺的绍兴石桥范例

1.广宁桥

广宁桥位于广宁桥直街，为七折边拱立交桥。桥全长60米，拱高4.2米，宽3.58米，跨径6.25米，桥拱顶端有龙门石七块。宋绍圣四年重建，宋嘉泰《会稽志》有载。明万历三年重修后保存至今，该桥重修时，作为该桥主体的原七折边桥拱没有重建，现桥石料大多为原建时的石料，风化程度与八字桥、光相桥相仿，此桥可定为宋朝绍圣四年原建的桥梁。此桥虽然在明代、清代作过修理，但它仍然保存着宋代七折边拱桥的建造技术。《龙华寺碑》中记有龙华寺左接广宁桥，右接龙华桥。龙华寺建于南朝元嘉时代，广宁桥在建寺时已存在。此桥为全国重点文物保护单位，收录于《中国科学技术史》桥梁卷，是世界上仅存于绍兴的7座七折边拱桥之一。

此桥承载的石桥营造技艺的内容包括：

广宁桥（绍兴市越城区）

（1）宋代七折边拱立交桥建造技术：七折边拱榫卯结构有铰拱设计、制作、安装技术，折边之间的横锁石（龙筋石）联结技术，其夹角相等（二折边间在横锁石上的延伸线相交所成夹角相等，170度夹角相交点落在圆弧上）。

（2）长条石板叠压伸臂式拱墙技术（此种形式的拱墙形成伸臂桥台，能增加拱桥承压功能）。

（3）桥拱顶端龙门石设计、雕刻、安装技术。

（4）立交桥建造技术：我国最早的桥下设纤道组合成立交桥的桥型技术创新。

（5）三角定位石技术（与桥基相联的拱石倾斜角用拱石边的直角三角石倒立定位，确定折边夹角的技术），此技术在国内少见。

（6）七层厚石板桥基技术（此石板桥基厚度达3米，为国内石拱桥桥基厚度之最）。

2.宝珠桥

宝珠桥位于绍兴市区龙山后街，是绍兴市级文物保护单位，为七折边拱桥，原名火珠桥。宋嘉泰《会稽志》有载，此桥长30米，宽3.95米，高12米，拱高4.9米，桥栏高0.5米，桥栏石柱高0.9米。桥东坡25阶，西坡26阶，桥拱顶端有龙门石七块，上有仙桃和龙的浮雕图案。此桥现已成为城市广场的一大景观。宝珠桥重修后未改拱型，仍保持七折边原型，应定为宋朝以前的石桥，是世界上仅存于绍兴市的

宝珠桥(绍兴市越城区)

7座七折边拱桥之一,也是绍兴城区的 4 座城市七折边拱石桥之一。

此桥承载的石桥营造技艺的内容包括:

此桥营造技术的内容除了与广宁桥所述1~4点基本相同外,其他技术特点有:

(1)七折边拱二折边间在横锁石上的延伸线相交所成夹角为144度,夹角相交点落在半圆弧线上。

(2)龙筋石超出拱券宽度,与拱墙结合为榫卯结构,用五角石定位。

(3)拱券和拱墙石质与八字桥相同,风化程度相似,大部分构件应是宋代以前原物。清乾隆时仅作局部重修,此桥应定为宋桥。

3.谢公桥

谢公桥位于绍兴城区西小路，鲤鱼桥与北海桥之间，为七折边石拱桥。经考证，因南朝太守谢惠连建此桥，取名谢公桥。此桥当为南朝始建，清康熙时虽作重修，但拱券未变，仍采用旧料，宋嘉泰《会稽志》有载，故可定为宋朝以前石桥。此桥拱顶石刻图案中的龙为三爪龙，宋朝以后才出现四爪龙和五爪龙，这也可旁证此桥始建于宋朝以前。此桥桥长28.5米，净跨8米，高4.2米。谢公桥北枕卧龙山，山色街景桥影，构成了水城石桥佳景。此桥为全国文物保护单位，收录于《中国科学技术史》桥梁卷，是世界上仅存于绍兴的7座七折边拱桥之一，也是绍兴城区的4座城市七折边拱石桥之一。

谢公桥（绍兴市越城区）

此桥承载的石桥营造技艺的内容包括：

此桥营造技术的内容除了与广宁桥所述1~3点基本相同外，其他技术特点有：

桥阶俯视呈梯形，此梯形下的桥台部分和桥拱的变幅结构都能增加桥的稳定性。桥拱和金刚墙的石质风化程度与八字桥相同。龙门石和抱鼓的雕刻为宋代的艺术风格。

4.迎恩桥

迎恩桥也称菜市桥，位于绍兴市区西郭，在运河进城口子处，古代绍兴水路进城的西门户。皇上驾临绍兴，百官迎候在此，故取名迎恩桥。孙中山来绍兴时，绍兴各界也在此欢迎。该桥为七折边石拱

迎恩桥（绍兴市越城区）

桥，是绍兴市跨度最大的七折边石拱桥。现桥为明天启六年（1626年）重修，始建于何时待考。桥长15 米，宽3.4米，净跨10米。此桥收录于《中国科学技术史》桥梁卷，是世界上仅存于绍兴的7座七折边拱桥之一，是世界上仅存于绍兴城区的4座城市七折边拱桥之一。

此桥承载的石桥营造技艺的内容包括：

此桥营造技术的内容除了与广宁桥所述1~3点基本相同外，其他技术特点有：

（1）七折边夹角相等（二折边间在横锁石上的延伸线相交所成夹角相等，155度夹角相交点落在圆弧上）。

（2）此桥的桥饰雕刻为明代风格，融合佛教、道教、儒教、民俗等多种文化因素。

5.拜王桥

拜王桥在鲁迅西路凰仪桥侧，五折边拱桥。宋嘉泰《会稽志》载："拜王桥在狮子街，旧传以为吴越武肃王平董昌，郡人拜谒于此，桥故以为名，桥长30米，宽3.7米，拱高3米，净跨4.2米。"此桥在五代时期已经存在，在《中国科学技术史》桥梁卷中有载，为国内仅存的城市五折边拱石桥，也是世界上仅存的城市五折边拱石桥。此桥为全国文物保护单位。

此桥承载的石桥营造技艺的内容包括：

此桥营造技术的内容除了与广宁桥所述1~3点基本相同外，其他

拜王桥（绍兴市越城区）

技术特点有：

（1）桥拱和金刚墙的石质风化程度与八字桥相同。

（2）据宋《宝庆续志》记载，此桥在宋嘉定年间重建，此桥应定为宋桥，含有宋代五折边拱桥营造技术。

6.迎仙桥

迎仙桥位于新昌县桃源乡，为悬链线拱的乱石拱桥。该桥在明万历《新昌县志》有载。清代道光时，丁天松重修。1991年发现了该桥型，从此填补了中国石桥技术史的空白。悬链线拱桥是20世纪60年代世界先进桥梁科技，此项技术中国要早于国外500多年。迎仙桥长

迎仙桥（新昌县）

29米，宽4.6米，净跨15.6米，现已定为省级文物保护单位，在《中国科学技术史》桥梁卷有载。

此桥承载的石桥营造技艺的内容包括：

明代悬链线拱桥建造技术，拱脚为前倾式桥台，天然岩石桥基，乱石拱，拱圈块石镶边。

7. 玉成桥

玉成桥位于嵊州市谷来碰头村，与迎仙桥同为悬链线石拱桥。该桥建成于道光丙申年（1836年），马正炫建，马氏家谱中载有建桥的记录。桥长12.15米，宽4.7米，拱高5.7米。此桥是罗关洲发现的又一

玉成桥（嵊州市）

座古代优秀桥型，已被收入《中国科学技术史》桥梁卷，并有专题论述。现已定为省级文物保护单位。

此桥承载的石桥营造技艺的内容包括：

明代悬链线拱桥建造技术在清代的应用，拱脚为前倾式桥台，天然岩石桥基，乱石拱，拱圈块石镶边，块石干砌成拱。此桥建成后没有经过修理，为原建态石桥，桥前有石桥的先驱——石砩。此石砩体现了古石砩建造技术。

8. 古小江桥

古小江桥位于绍兴市区萧山街口，大江桥侧，横跨古运河，是古

古小江桥（绍兴市越城区）

代山阴、会稽两县的重要分界桥。桥西侧立有"永作屏藩"碑，意为山阴、会稽二县分界标志。此桥在宋嘉泰《会稽志》有载，宋代重修时在小江桥的桥名前加上了一个"古"字，特别强调了小江桥不是重修时新建的。拱脚岩石有3厘米以上深的被纤绳磨损的遗迹，可以证明此桥建造年代的久远。

此桥承载的石桥营造技艺的内容包括：

（1）石桥桩基础技术：桥桩经C14检测，距今1000年左右。

（2）微马蹄形拱横向并列砌筑式技术：拱券为唐以前的并列砌

筑式，微马蹄形拱。

（3）拱墙用长石条作伸臂桥台可减少桥拱压力，与拱脚相联的拱券与条石拱墙组合可视为前倾式桥台，起拱点在此拱券与第二块拱券相交处，可视为圆弧拱券。

（4）桥拱和金刚墙的石质风化程度与八字桥相同，呈微变幅桥拱。

9.光相桥

光相桥始建成于东晋，在绍兴市区西北104国道越王桥侧，跨运河。此桥为横向并列砌筑的石拱桥，在宋嘉泰《会稽志》有载。经

光相桥（绍兴市越城区）

考证，现桥是具有东晋原建此桥的石桥营造技艺，并保存部分原建部件的珍贵石桥。这种横向分节并列砌置的石桥一般出现在宋朝以前，这种桥型在绍兴较少见。在宋朝志书中 有记载的绍兴石桥，现在冠以"古"字的并不多，在城区只有光相桥和小江桥。小江桥称"古小江桥"，而两桥的桥型恰巧相同，这证明光相桥也是始建于宋朝以前的石桥。这些考证都证明了光相桥具有东晋时代的石桥营造技艺，在国内是很少见的，此桥在《中国科学技术史》桥梁卷有载。

此桥承载的石桥营造技艺的内容包括：

（1）标准半圆桥拱横向并列砌筑式技术。拱券为唐代以前的并列砌筑式。

（2）晋代吸水兽艺术。吸水兽式样与晋代瓦当纹样相似。

（3）榫卯结构技术。拱券为榫卯构件。

（4）桥拱和金刚墙的石质风化程度与八字桥相同，其建造技术应属于晋代。

（5）桥上年代最早的桥柱，石质风化程度与八字桥、广宁桥相仿。

10.融光桥

融光桥又名柯桥大桥，位于柯桥镇古运河上，单孔石拱桥。此桥长17米，宽6米，高7米，净跨10米，宋嘉泰《会稽志》有载。柯桥始建于汉代，现桥桥拱为链锁分节并列砌筑，现桥为明重建，重建时仍按宋朝时原桥型，仍用原石料，现仍可视其为宋桥。该桥在《中国科

融光桥（绍兴市柯桥区）

学技术史》桥梁卷中有载，为全国文物保护单位。

此桥承载的石桥营造技艺的内容包括：

（1）立交桥技术：桥拱下有纤道，为互通立交。

（2）榫卯结构的链锁分节并列桥拱砌筑半圆高拱技术。

11.泗龙桥

泗龙桥位于绍兴市鉴湖乡鲁东村，由三孔石拱桥与十七孔石梁桥组成，又称廿眼桥，全长96.4米，宽3米。三孔拱桥净跨为：5.4米、6.1米、5.4米。此桥气势宏伟，景观秀美，是绍兴重要的水乡旅游景观。对照宋嘉泰《会稽志》，此桥当为古代鲁墟桥，在桥的一侧有桥对：建近千年路达南北，名驰廿眼水通东西，说明该桥始建于宋朝。

泗龙桥（绍兴市越城区）

此桥在《中国科学技术史》桥梁卷有载，为全国文物保护单位。

此桥承载的石桥营造技艺的内容包括：

（1）联拱薄墩、半圆薄拱技术。

（2）拱梁组合桥建造技术。主桥为三孔驼峰拱桥，十七孔石梁桥与主桥相接，高低孔拱高合黄金分割比例。

（3）链锁分节并列拱圈砌筑技术。

薄墩薄拱拱桥内部结构设计如图。

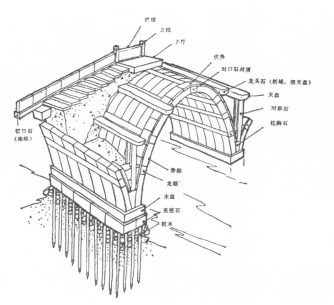

拱桥内部结构设计图

12.太平桥

太平桥位于绍兴市柯桥区阮社,该桥由一座半圆拱桥与九孔高低石梁桥组成。桥长50米,拱桥主孔净跨10米,石梁桥孔径3~4米。拱桥桥拱系横联分节并列砌筑,拱桥南端八字落坡。该桥建于明天启二年(1622年),桥拱下有纤道,可称其为古代立交桥。此桥南端接古纤道,处处入景,为古运河上富有特色的水乡景观。该桥现为全国重点文物保护单位,在《中国科学技术史》桥梁卷有载。

太平桥（绍兴市柯桥区）

太平桥桥拱

此桥承载的石桥营造技艺的内容包括：

（1）拱梁组合桥技术：主桥为半圆拱桥，与之相接的石梁桥分四档递减。

（2）互通立交技术：主孔下有纤道通过，形成立交。

（3）榫卯结构技术：拱券、桥栏、桥拱与桥基间均采用榫卯结构。

13. 司马悔桥

绍兴山区多乱石拱桥，这种乱石拱桥干砌成拱，完全靠规整的拱型成桥，技术含量较高。这种拱桥可能在远古时代就已存在，司

司马悔桥（新昌县）

马悔桥在新昌山区,因司马子微被征至此而悔得名。此桥在唐时已存在。

此桥承载的石桥营造技艺的内容包括:

半圆乱石高拱技术:半圆乱石拱架设在前倾式乱石桥台上。半圆乱石拱与前倾式桥台构成多心圆弧拱曲线。

14.等慈桥

等慈桥位于绍兴市上虞区丰惠镇,跨街河。该桥原名九狮桥,系块石横向并列砌筑的半圆拱桥。此种砌筑方法在石桥中少见,在绍兴仅此一座。宋嘉泰《会稽志》有载,当时已称等慈桥,说明此桥始建于宋朝嘉泰以前。元朝至正年间等慈寺僧永贻等人募捐重修。该

等慈桥(绍兴市上虞区)

桥全长26米，宽6米，桥侧有"宋嘉定七年重修"刻石，说明宋嘉定七年此桥曾作重修。此桥为省级文物保护单位。

此桥承载的石桥营造技艺的内容包括：

（1）唐代式样的块石横向并列砌筑技术。

（2）变幅拱墙和变幅拱圈砌筑技术。

（3）长条石板叠压式伸臂拱墙技术。

15.寨口桥

寨口桥位于绍兴市柯桥区夏履乡莲增村的莲花岗与岩山之间，系用90块长条石横向并列砌筑的山区石拱桥。桥长30米，宽2.6米，高10米。此类桥拱为石桥中少见，在清嘉庆《山阴会稽志》中有载，

寨口桥（绍兴市柯桥区）

桥重修于清光绪十二年（1886年）八月，离桥20米有桥亭一座，内有建桥碑记石一块。

此桥承载的石桥营造技艺的内容包括：

整块长条石横向并列砌筑技术。此种砌筑方法，目前仅发现此一例。整块长条石用榫卯结构组合。

16酒桥

酒桥又名新桥，位于绍兴酒的著名产地东浦镇，名为新桥，实为古石桥，此桥为连续三孔马蹄形拱桥，中孔高，二边孔低，故称驼峰拱桥，桥形优美。

新桥（绍兴市越城区）

此桥承载的石桥营造技艺的内容包括：

（1）三孔微马蹄形拱技术。此桥是典型的驼峰拱桥。驼峰拱桥拱脚相连二拱券可视为桥台，桥拱上半部实为圆弧拱，结构优于半圆拱，更趋合理。

（2）三孔拱高的高低之比合黄金分割技术。

（3）链锁分节并列砌筑技术。与拱脚相联的拱券长于其他三块拱券石，起拱点较高。

17.东双桥

东双桥目前在通汽车，说明石桥的结构合理。东双桥位于绍兴市区东街路东首，在宋嘉泰《会稽志》有载，单孔半圆拱桥，横向并

东双桥（绍兴市越城区）

列砌筑，与光相桥桥拱的砌筑相同。桥长20米，宽8.4米，高4.3米，拱高2.3米，桥跨径4.8米。此桥东端置南踏阶，长5米，石阶下置拱桥，故此桥总称东双桥。此路西端也有一座同类型桥梁，称西双桥，已拆。此桥之所以称双桥是因为南落坡下有桥洞，南落坡实为一拱桥。此落坡桥与主桥组合，故称双桥。桥前存放着原桥名石，桥名石下面图案与广宁桥抱鼓图案风格一致，可证明此桥名石为宋代原物，同时也可证明东双桥在宋代已存在。

此桥承载的石桥营造技艺的内容包括：

（1）唐代以前并列砌筑技术。

（2）双拱桥组合技术。东双桥因桥坡下设拱桥得东双桥之名，用双拱桥组合解决二河汇合处交通问题。

此桥有国内最高的石桥抱鼓和最长最重的桥基石。

18.泾口大桥

泾口大桥位于绍兴市柯桥区泾口村，跨浙东运河。该桥由三孔马蹄形拱桥与三孔石梁桥组成。拱桥高6米，三孔等跨，长20米；梁桥高3米，长10米。桥重建于清宣统三年。此类桥型为国内少见。该桥为全国文物保护单位，并在《中国科学技术史》桥梁卷中有详细论述。

此桥承载的石桥营造技艺的内容包括：

（1）连续三孔马蹄形拱桥建造技术。国内仅绍兴两例，此为其中一例，同时是国内唯一的连续三孔马蹄形拱的立交桥。罗英的《中

泾口大桥（绍兴市上虞区）

国石拱桥》一书中指出："在中国南方石拱桥的构造中，半圆或中心角较大的接近半圆的圆弧拱，都在拱脚部分的拱石背后用石料砌实。这一布局，使拱脚部分的拱券石成为桥墩台的一部分，等于减少了拱中心夹角，计算跨径和矢高，使成为恒载分布更趋合理而不过分悬殊的圆弧拱。"此桥就属于这类石桥。从罗英的分析，我们可以理解为此拱桥的实际起拱点在拱脚以上的第一块拱券与第二块拱券的链锁石上。

（2）薄墩薄拱拱桥砌筑技术。

19.单江太平桥、咸安桥

单江太平桥位于绍兴市城郊，咸安桥位于齐贤镇山南村，为链锁分节并列砌筑，桥建于清嘉庆五年。

单江太平桥（绍兴市越城区）

咸安桥（绍兴市柯桥区）

此二桥承载的石桥营造技艺的内容为：

榫卯结构技术。这两座桥都是由半圆拱变形为椭圆形拱，榫卯结构可以使半圆拱桥的部件有一定伸缩余地，能使变形控制在允许的范围内，使石桥在总体上处于相对稳定。这种变形后的相对稳定，对建筑物的防震设计有一定的研究价值。这两座桥可作为变形拱实例保存。

20.八字桥

全国文物保护单位，是目前已知的国内建造年代最早的城市微拱桥梁。此桥桥墩石壁上刻有"时宝祐丙辰仲冬吉日建"字样。此桥在宋嘉泰《会稽志》和《中国科学技术史》桥梁卷中有载。八字桥边纤道没有穿过桥，不是立交桥。

此桥承载的石桥营造技艺的内容包括：

（1）外斜倾式桥台技术。

八字桥（绍兴市越城区）

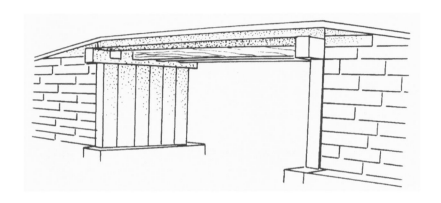

（2）替梁木（托木）架桥技术，桥台顶端开替梁槽，安放替梁木，用替梁木架石梁桥。

（3）二河三街构通设计技术，用落坡成桥，南北、东西八字落坡的设计技术解决二河三街构通问题。

21.纤道桥

纤道桥系全国重点文物保护单位，是古纤道的组成部分，现存古纤道为唐元和十年（815年）浙东观察孟简整治运河时修筑，全长100多里。其中最长的一段古纤道桥全长386.2米，由115跨石梁桥构成，为特长型石墩石梁桥。因其始建于唐，此桥型为国内仅存，为全国文物保护单位。此桥在《中国科学技术史》桥梁卷中有载。

此桥承载的石桥营造技艺为顺河而建的多桥型堤桥组合石桥建造技术，在国内仅此一例。

纤道桥（绍兴市柯桥区）

22.汤公桥

汤公桥位于绍兴三江，又称三江应宿闸，是桥闸合一的石桥，也是绍兴三江古入海口的大型水利设施和交通设施。此桥始建于唐太和七年，现桥为明绍兴太守汤绍恩重建，此举世世代代恩泽越北平原。现桥长108米，宽9.16米，28孔，为石墩石梁长桥，每孔以星宿命名，故称应宿闸。此桥气势雄伟，为古代少见的特大型工程设施。原桥现存一半，新老桥合一，为县级文物保护单位。

此桥承载的石桥营造技艺的内容包括：

（1）海口闸桥基础技术。

（2）海口闸桥双面分水尖技术。

汤公桥（绍兴市越城区）

（3）海蛎护基技术。

23.品济桥

此桥承载的石桥营造技术的内容有：

（1）伸臂石梁技术。

品济桥（嵊州市）

（2）尖墩技术。

[叁]名人论绍兴石桥

1. 中国古桥专家茅以升在《绍兴石桥》一书中如此评价绍兴古桥："我国古代传统的古桥，千姿百态，几尽见于此乡。"

2. 中国古桥专家唐寰澄在绍兴作古桥学术报告时指出："中国古桥浙江最多，浙江古桥绍兴最多。"

3. 绍兴有40座古桥入载唐寰澄著的《中国科学技术史》桥梁卷，成为此书入选古桥最多的地区。

4. 中国古建筑专家陈从周先生在一首诗中称颂绍兴古桥："垂虹玉带门前来，千古名桥出越州。"

5. 中国古建筑专家陈从周先生在《绍兴石桥》一书中描述绍兴古桥之多："无桥不成市，无桥不成村，无桥不成镇，无桥不成路。""绍兴石桥之多，堪称天下第一。"

6. 陈从周先生主编的《绍兴石桥》一书中提到："汉顺帝永和五年（140年）会稽郡太守马臻筑鉴湖堤时，建造三大斗门，是把闸和桥结合的闸桥。它是我国最早的闸桥之一。"此书在写到七折边广宁桥、五折边拜王桥等折边拱时指出："这种桥型在世界其他地方尚未发现，实为我国古石桥的瑰宝。"

7. 罗哲文先生在首届中国古桥研讨会上致词时说："开会前，我专程去考察了新昌县的迎仙桥，技术价值很高。"

石桥的艺术创造

绍兴自古多美桥，其石桥技艺中包含了丰富的石桥美的艺术。虽然古代没有提出系统的石桥美学理论，但绍兴石桥的建造者在注重桥梁使用价值的同时，也创造了石桥的美学价值。

石桥的艺术创造

　　绍兴自古多美桥，其石桥技艺中包含了丰富的石桥美的艺术。虽然古代没有提出系统的石桥美学理论，但绍兴石桥的建造者在注重桥梁使用价值的同时，也创造了石桥的美学价值。"六朝以上人，不闻西湖好"，六朝以前，各地游客已如现在的人们畅游西湖一样游览会稽山阴，当时的石桥就是绍兴美景的重要组成部分。在世界建筑艺术中，中国的石桥建筑艺术占有重要地位，而中国石桥浙江最多，浙江石桥绍兴最多，所以说，绍兴石桥美在桥梁美学研究中有着重要作用。绍兴石桥的建筑者创造了石桥形态美、装饰美、石桥与周围景观的综合美。在历代的志书中对绍兴石桥的美景曾作过记述，点出了石桥在水乡美景中的重要作用。绍兴的石桥美是功能、技术、经济、美学、艺术诸方面因素的综合，是水乡环境美和石桥自身美的结合。在平原水乡河网上，高耸的半圆拱桥成为方圆数里中的注目景观，给水乡平原增加起伏的曲线美。几里路长的避塘桥穿湖而过，百里纤道上的纤道桥在运河中伸展，当你行走在湖中、河中的长桥上时，情不自禁地感受到"山阴道上行，如在镜中游"的意境。品类齐全的优美桥型让石桥专家深感惊叹，复杂的地质年代形成的丰富的石桥石料色彩让画家们陶醉，建筑师、艺术家、文学家、游客都可以从多种角度获得绍兴石桥的美的享受。

绍兴石桥美学艺术的创造可以从以下几个方面来表述：

[壹]石桥结构技术创造的桥型形式美

1. 结构形式单象美

石桥自身的美在美学上称为单象形式美。石桥的单象形式美要求石桥能承担其交通负荷的基本功能，即石桥的结构要有经得起时间考验的力量、稳定、连续和跨越能力。钢筋混凝土现代桥梁的设计寿命一般不超出一百年，而绍兴许多石桥却能跨越千年，至今仍然显示其功能，给人以美的崇敬、美的享受。绍兴石桥结构的多样性，形成了绍兴石桥多样性的结构形式美。绍兴石梁桥桥面宽厚稳重和石桥桥墩的纤细挺拔形成一种力和美的结合。百孔长桥纤道桥、廿眼桥把简单的石梁桥组成长龙式的特长型梁桥，给人以气势宏伟的结构形式美。绍兴水乡多圆弧石拱桥，它的结构形式的单象美因素尤其突出。在平坦的原野上高耸的半圆拱突兀而起，成为方圆数里注视的目标，给平原增加了起伏的曲线美。绍兴的薄墩联拱石桥，精巧轻盈，跨越水天一色的宽阔河面，更显得雄伟俊美。绍兴的折边拱桥的桥拱与倒影，远看如若一轮满月，近看折边刚直，这是视觉多重感受的一种美感。绍兴山区的石桥为跨越山谷和溪流，往往采用大跨度桥拱，犹如山间的彩虹，给人以征服自然的力的美感。山区石桥高耸的尖首墩劈波分浪，更显示山区石桥结构的力量美。具有结构单象形式美的绍兴石桥很多，如平原地区的泗龙桥、新桥、泾口大桥、接渡桥、广宁桥、谢公桥、光相桥、太平桥，山区的万年桥、司马悔桥、迎仙桥、玉成桥等。

2. 功能形式单象美

绍兴石桥运用多种结构形式实现其跨越功能。单跨石桥则是运用材料和技术增大桥梁跨度，在绍兴山区有不少石桥桥拱跨度达到30米左右，这在平原十分少见。为了实现各种水面的跨越需要，绍兴有多种形式的多孔石桥，如百孔梁桥、廿孔梁桥、十五孔三折边桥、十孔梁桥、五孔拱桥、三孔拱桥等。此外，还采用拱桥与梁桥组合、拱桥梁桥与堤梁组合等方式来增加跨越功能，形成跨越功能多形式的单象美。古代诗人用"山阴道上行，如在镜中游"的感受来赞美石桥跨越功能的形式美。石桥的力线明快是跨越功能的具体表现形式。绍兴石梁桥中用整块的十多米长的巨大石板作梁、作墩，给人以坚实平稳的力量感。绍兴石拱桥的拱曲线弧度规范，力线明快，当你登上桥顶极目远眺，会有一种一桥飞架的力量美。

绍兴石桥的功能单象美还有其他多种表现形式，如廊桥、屋桥、亭桥、庙桥、戏台桥等，在桥上增加其他功能的建筑，将其他建筑的单象形式美与桥梁单象形式美组合，形成多功能的桥梁单象形式美，同时发挥一桥多功能的作用。这类桥梁更注重建筑的美观，大多运用传统的石建筑式样，如会龙桥、化龙桥、张仙阁桥、信公桥都是这类多功能石桥的典范。

3. 布局形式单象美

绍兴石桥在布局形式上体现单象美的典范桥例也很多，如三接桥、五接桥就是在多河道交叉处用一桥墩，形成三桥、五桥合一的巧妙布局，给人实用便利的美感。绍兴市区的八字桥更是解决三街三河交通问题的巧妙布局，形成雄伟的整体美感。绍兴石桥各类桥坡布局因地而异，变化众多，增加了石桥的整体美感，如浪桥是以平面半环形布局，古虹明桥是以转折形布局，这类布局具有桥梁形式多样化的美感。绍兴水乡城镇的一河一街，一河二街，河街相隔式布局都是依靠街河上众多石桥将街与河连成整体，形成古镇街、河、桥多形式布局的街景美。水乡城镇的街河上众桥排列，从桥洞中观桥，桥中有桥，给人以深远透视的布局形式美。

4. 石桥技术单象美

石桥技术单象美是由石桥所包含的技术体现的美感。绍兴的许多石桥往往会以它的高超的建桥技术使人折服。当你看到拦江拒海的三江闸桥时，就会对高超的石桥技术产生的单象美而感叹，会对古人在江海要冲建造如此大型石桥的技术和智慧肃然起敬。当你看到数百吨重的巨大的条石用作桥梁、桥栏、桥墩时，就会佩服古人在采石、运送、安装巨石时所体现的非凡技巧，油然产生对此石桥技术单象美的深刻印象。

石桥的形式美、单象美是石桥美学的基础，是石桥美的本质要素。这种自身所具有的审美特性能充分体现桥梁的功能、技能和经济的综合要求。绍兴石桥将桥梁的功能、技术、经济功能与美观融为一体，这是寓美于实用之中的桥梁美学观点体现。

[贰]石桥科学比例技术创造的综合协调美

和谐生美是艺术领域中的一条重要规律，协调是石桥美学的普遍法则。绍兴石桥具有寓美于科学的比例结构之中的特点。美桥的各部分比例结构是科学的，所以说美桥是科学的，科学的桥是美桥。绍兴石桥本身有多方面的综合协调美，即主从协调美、对称协调美、韵律协调美、均衡协调美、统一协调美、比例协调美、线型协调美、色泽协调美、风格协调美。

1.主从协调美

绍兴石桥中的主从协调美有几种形式。一是驼峰拱桥中主孔和边孔的主从协调，如三孔联拱驼峰拱桥，主孔高大，供主航道船舶通行，两边孔大小相同，高低、跨度小于主孔，孔高的比例协调，主从协调互相支撑形成合理的桥梁力学结构，如东浦新桥就是桥孔比例协调的范例；二是以拱桥为主桥，低于主拱桥的多孔石梁桥为引桥。主拱桥与石梁桥形成高低配合的主从协调结构。这种石桥形式恰如长龙卧波，主桥为龙头，从桥为龙身，搭配协调。如泗龙桥、太平桥就是这种类型；三是主桥是三孔等高的联拱石桥，引桥、从桥是两边对称的低平石梁桥，犹如主桥两侧平伸的手臂，主从关系明确协调，如接渡桥就属于此类。在石梁桥中，也有多种主从协调形式。如中孔高，跨度大，中孔两侧的边孔低于中孔的石梁桥就是高低协调的主从关系，如柯桥红木桥。四是绍兴八字桥这样的特殊主从关系。八字桥的主桥为高大的石梁平桥，南侧二落坡下各有两个小桥孔，实为两座小桥。八字桥主桥和这两座小桥形成了特殊的主从协调关系。以上的这些石桥的主从协调关系都给人以一种美观、实用、中心突出、稳如泰山的美学效果。

2.对称协调美

石桥的主从协调不一定对称，但对称往往与主从协调相配合。绍兴的不少石桥既有主从协调美，又有对称协调美。如绍兴市柯桥区的新桥是以中孔为对称中心，边孔对称的桥例，接渡桥是引桥对称的石桥。为了达到对称的目的，石桥的桥孔大多为奇数。二孔的拱桥和梁桥则以桥中的桥墩为全桥的对称中心，如嵊州的万年桥、西成桥，新昌的大庆桥等。

3.不对称协调美

绍兴有不少石桥结构是不对称的，但石桥附近的建筑物能打破这种不对称，获得视觉的协调美。如泗龙桥、阮社太平桥的拱桥与梁桥的组合是一边是拱桥，一边是梁桥，从正面看不对称，但摄影家、美术家能使不对称的石桥置于协调的美景之中，创作出美的构图。泗龙桥、太平桥的梁桥一侧建有桥亭、古庙，从拱桥一侧取景，桥亭、古庙正好能起到构图的平衡作用，所以石桥景观中，能为石桥协调增色的设施要加以保护。

4.韵律协调美

韵律是石桥美观的一个重要因素。石桥的韵律是石桥的造型结构有组织的变化和有规律的重复，这种变化和重复会产生有节奏的韵律感。绍兴石桥的韵律协调美有连续韵律美、渐变韵律美、起伏韵律美和交错韵律美等几种类型：

（1）连续韵律美

石桥的组成部分有规律地重复出现就会产生连续韵律。绍兴的百孔纤道桥将石条直横砌筑的桥墩形式连续运用就产生了连续韵律美；诸暨市的十七孔三折边溪园桥将三折边形式连续使用也产生了连续韵律的效果；嵊州的五孔金兰桥则是通过连续五孔相同的半圆拱形成这种连续韵律美。

（2）渐变韵律美

渐变韵律有多种表现方法。一是连续韵律在透视角度体现的渐变韵律，所以说凡是有连续韵律的石桥必然具有渐变韵律的视觉美感；二是石桥的局部结构具有渐变韵律。如驼峰拱桥、多孔梁桥，两侧边孔成比例渐变，这种渐变往往与对称结合，形成左右两边对称渐变，在桥的正向，桥型就产生以主孔为中心两侧边孔对称渐变韵律和桥孔一侧的高低渐变韵律。前者如绍兴市柯桥区的十一孔的三角渡报恩桥、五孔帽山村长生桥，后者如阮社太平桥的阶梯形石梁引桥就属此类。

（3）起伏韵律美

桥梁的某些组合部分有规律地在大小、高低中产生起伏变化，就会产生起伏韵律美。如天佑桥与舆龙桥就是二桥二堤相连的组合式石桥，高桥低堤形成一高一低、一高一低的两次起伏变化，产生起伏韵律感。百孔纤道桥以低孔梁桥为主，其间穿插有几座高孔梁桥，打破多孔低平石梁桥的单调感，增加了石桥高低起伏的韵律美。绍兴市上虞区岭南的广济桥的桥栏和桥面随三桥孔的中高二低呈高低起伏状。这种具有桥栏和桥面的起伏韵律美石桥在绍兴仅此一例。梁桥桥面大多平直，很少有起伏韵律美的感觉。但绍兴市上虞区永和镇的永和桥的桥面具有起伏韵律美。绍兴市上虞区永和镇的永和桥的6个桥墩的高度是中间高，两边低，依次递减，桥面形成中间高两边低的起伏曲线，达到了起伏韵律美的效果。

5.均衡协调美

石桥形态的均衡和稳定能体现石桥结构的协调美。石桥的对称结构就是一种均衡美。驼峰拱桥特别注意突出全桥的均衡中心。在中心桥孔的顶盘石上加大体量，使均衡中心更加突出，均衡、稳定的美感更为强烈。一座桥本身是均衡的，如果周围物体挡住了桥的一部分，在总体视觉上就会失去均衡感。如上虞丰惠镇的八字桥本身结构是均衡的，但一边落坡被房子挡住了，原有均衡美被破坏了，所以要开发石桥美景，必须对影响石桥均衡美的因素加以清理。

在石桥观赏和摄影中，往往存在均衡美的最佳角度。以泗龙桥为例，从正面拍摄全桥，拱桥和低孔梁桥之间在构图上略有轻重不均之感，如将低孔这边的桥亭摄入，可增加均衡感，如从桥北端东侧面拍摄此桥全景时摄入桥亭，桥亭就成为桥景的重要平衡物，使桥景从整体上获得稳定均衡的美感。此处是全桥的最佳观赏角度。

绍兴石桥坚固的巨石桥基能给人以一种稳定美。石桥桥墩的巨大厚石板，用料讲究，砌筑均衡，显示出均衡稳定的协调美。广宁桥的桥墩基石多达6层，为国内稀见。厚墩联拱有稳定之美。绍兴的薄墩联拱桥更以它均衡精确的造型显示出稳定和力量之美。

绍兴的三折边和多折边拱石桥具有符合力学原理的稳定性，它显示着稳定和力量之美。木撑架编木拱桥由于木撑架结构的均衡性也充分显示出这类石桥的稳定美和力量美，如新昌的上山坑风雨桥。还有不少廊桥在桥上建屋，人行其中，如在屋中行，给人一种稳定感。这类石桥从外观上更显示均衡稳定的协调美。

6.统一协调美

绍兴石桥具有统一协调美。即在变化中达到统一，局部与整体达到统一,在统一的格调中运用多种变化的手法,在同一座石桥中达到结构体系的统一。例如绍兴接渡桥、新昌大庆桥、嵊州金兰桥、金华通州桥都是多孔石桥跨径等高的联拱构成了统一协调的结构。接渡桥两边为结构相同的石梁桥,两侧从属部分也达到统一协调,主桥与引桥构成变化中的统一格调。再如三江闸桥有21个桥墩,每隔4墩设置一个大墩,桥墩的大小作规律性的重复排列,桥墩形式统一为梭子墩,寓变化于统一之中,呈现统一与变化相协调的美感。绍兴的几座廿眼桥,桥墩形式有石板箱式、石板叠梁式、石柱式等,但每座桥均采用一种形式,没有多种形式混杂运用的不统一桥例。这些多孔石梁桥由于桥墩式样的统一,使全桥达到了统一协调的美学要求。

7.比例协调美

石桥直观之美往往包含石桥内在的多方面的比例协调美。绍兴石桥有许多结构比例符合"黄金分割法",这种"黄金分割"结构能使石桥产生比例协调的美感。例如泗龙桥主桥中孔跨径为6.10米,边孔跨径为5.4米,二边孔跨径相加为10.8米,二边孔与中孔跨径之比接近"黄金分割法";又如绍兴阮社太平桥的拱桥与梁桥之比也符合"黄金分割法",拱桥高度与梁桥高度又成反向"黄金分割法";再如悬链线拱的玉成桥、迎仙桥和椭圆型拱石桥何村桥,其长轴与短轴之比均符合"黄金分割法"。迎仙桥、玉成桥、何村桥的桥拱曲线的长轴与短轴之比分别为7.4：5.2，5.4：4.2，5.5：3.6。石桥中这类符合美学要求曲线造型和符合美学要求的桥拱比例构成了石桥的曲线美和比例协调美。又如绍兴的多孔石梁桥中，中孔的桥面与桥墩大多成"黄金分割"。中孔高于边孔，边孔高度呈阶梯形降低，孔径也相应缩短。每个边孔长边和短边也相应构成"黄金分割"的比例。从正面看，这类多孔石梁桥的每个桥孔均为"黄金分割"的长方形。如绍兴市柯桥区的凤凰桥、三角渡报恩桥、帽山村长生桥就属此类桥梁。还有的多孔石梁桥主孔是横向的"黄金分割"，而边孔则是直向的"黄金分割"，这样的比例组合也符合美学要求。如绍兴市柯桥区魏家村宝浦桥、路家桥村福德桥等。还有的石梁桥在两侧桥台落坡中开两个小桥孔，与主孔一样符合"黄金分割"要求。这种桥梁也具有比例协调的美感，如绍兴市柯桥区的宋家畈魏兰桥。绍兴石桥中的马蹄形拱桥较之半圆形拱桥更具有美感，其原因正在于马蹄形拱的拱高与拱跨之比更接近于"黄金分割"，所以也更具美感。园林建筑中的圆洞门常用马蹄形拱，也是为了增加美感。有人认为马蹄形拱不宜用于桥梁，其实这种拱型用于桥梁无论是在力学和美学上都是合理的。绍兴的三折边石桥的三边长度的比例有多种类型。凡是三边长度与桥跨之比接近和符合"黄金分割"要求的，就比较美观。如嵊州的和尚桥、绍兴市柯桥区的夏泽村三折边桥三折边总长与桥跨之比约为13:8。在五折边拱、七折边拱中也是拱高与拱跨之比接近"黄金分割"的就更具美感。如拜王桥、迎恩桥在直观上就更能感受到比例协调的美观。绍兴不少石拱桥的桥坡与桥顶平面之比接近"黄金分割",使石桥具有整体美感。现在有的仿古石桥梁的桥坡与桥顶平面之比定为5∶1、6∶1,既不美观,又不符合顶面压拱的力学要求。现在的仿古石桥梁内部为钢筋混凝土,忽视了石桥的合理力学结构。石桥的美学和力学结构是一个统一的整体。古代桥梁建筑师不一定在理论上掌握"黄金分割"的美学要求,但他们的作品达到人们普遍接受的美学视觉要求,符合美学理论。这也体现了绍兴石桥工匠的技术水平和艺术水平,在技术实践上达到了科学理论的要求。

绍兴石桥的协调美还从色彩上得到体现。绍兴石桥采用了当地多种类型的花岗石、火成岩、凝灰岩,色调以石绿、青灰、灰白为主。这些与自然界色彩相和谐的色泽增加了绍兴石桥的协调美。新昌西坑石的青色常被用作美化桥栏的色彩,这充分体现了越地民众崇尚青色的传统审美情趣,这与古代这一带民众喜欢青瓷是同一道理。

绍兴石桥的协调美还从石桥建筑风格上得到体现。绍兴石桥的建筑风格与其他建筑风格一样,讲究实用、耐用,讲究艺术特色,有鲜明的时代风格和地方风格。把不同时代的风格融合在一起,可以领略到绍兴石桥古色古香的时代系列协调美。如三折边拱、多折边拱显示秦汉时代的石桥风格;木撑架编木拱桥继承了宋朝编木拱的传统;悬链线拱更是明、清以来绍兴的特色桥梁。廊桥、庙桥、水阁桥、戏台桥、薄墩联拱桥都具有水乡特色的建筑风格，与水乡的其他建筑协调，显示石桥风格的协调美。石板桥、石板路、石板屋的组合，显示绍兴石文化的协调美。

[叁]桥型与环境配合技术创造的石桥环境组合美

红花要有绿叶配，任何美桥也都必须要有美的环境配合，美桥与美景互为借景就能构成水乡、山区、园林多种类型的石桥美景。桥型与环境配合技术要满足这些要素：桥位选址得当；结构合理，既满足陆路交通，又满足桥下水路交通要求；布局得当；艺术创新；视觉有美的享受。

石桥既可作为景观的主体，也可作为某一景观的组成部分，并借助自然景观为其增色。一般大型石桥均可作为独立景观成为当地环境美的主体，配之以绿水青山的背景，主体会更加突出。中、小石桥要与周围环境相协调，形成与环境相融合的景观组合。绍兴石桥固然有自身桥型的单象形式美，有自身内在结构的协调美，有了绍兴秀丽的自然景观的借景美更增绍兴石桥的综合美。绍兴水乡因桥增色，绍兴石桥是绍兴山水景观中的精华所在，发展绍兴旅游业自然要发掘绍兴石桥的综合观赏价值。绍兴石桥与环境配合所体现的综合美可归纳为：水乡石桥美景；街、桥组合的桥城美景；山区石桥美景；园林石桥美景。

水乡石桥借景美：在水乡平原上，河网密布，天水一色，在青山绿水平野之间，一弯拱桥飞架，拱影合璧，恰如一轮明月映水中。青灰色石梁桥的刚直力线跨越了大小江河湖泊，使水乡的水陆交通网刚柔相济，为水乡增加了无限生机。当你拍摄水乡平原石桥景观时，如能碰到水乡特色的脚划船、湖边菱角、莲花荷叶、渔船撒网、龙舟画船等景观要素，将会增加画面的生气，增加石桥的综合美。在水乡村落中，石桥密集，石桥与古屋、戏台、古亭、桥廊、桥边踏步、船埠、堰闸、水巷相组合能构成一幅幅生动的水乡农村石桥美景，这些石桥的配景能多角度地显示绍兴石桥的环境协调美。绍兴石桥的单象形式美与环境协调美相配合更能显示绍兴石桥美的地方特色。古代百里鉴湖上有一条横穿鉴湖的古堤，它是绍兴城区与大禹陵的连接通道，堤上有三座桥，中桥上有桥亭，亭匾上写有"通济"两字，说明此桥称通济桥，这是由桥、堤、亭、山、湖等景观要素协调组合的美景，此种桥景格局后来也就成为杭州西湖白堤、苏堤的样板。

桥城街桥借景美："小桥、流水、人家"的水乡桥景使人心旷神怡，桥城桥景中石桥、古街与古城各类建筑物的综合组合，古朴典雅，又是另一番风味。绍兴水网城镇中往往是江河在城内交错，古代绍兴城中有几十条河道，交错成网。水城石桥是街道的必然组成部分。绍兴桥街相连有多种形式，一种是街道临河而设，有一河一街式、一河二街式，桥连街道，桥就成为街道的直观的组成部分；还有一种是民居、店铺沿河而筑，将河道与街道隔开，石桥隔开民居，连结街道。在安昌古镇上，1公里长的镇中河道上有石桥7座，在这里可以拍到石桥成排的典型桥镇街桥景观，这些古镇古城街景构成了桥城石桥景观的环境协调美。古代绍兴的文人雅士常聚集在城区石桥上观赏美景。嘉泰《会稽志》就记有士人在广宁桥上赏景的雅事。从都泗门乘船到广宁桥，可以看到大善塔与广宁桥组合，形成纵向古塔与横向石桥搭配协调的美景。该志中还记有斜桥"下多客邸，四明舟楫往来所集"，当时此处的桥景、船景、埠景的组合是绍兴城内一大景观。小江桥处在山阴、会稽二县的交界线上，站在小江桥上，以前可以看到大善塔塔身正处在后街两侧街屋的中间，于是文人就为小江桥上的这处美景写出一联：上联为："小江桥，桥洞圆，圆如镜，镜照山会二县。"下联为："大善塔，塔顶尖，尖如笔，笔写五湖四海。"

山区石桥借景美：桥乡桥城的环境协调美已是人们所熟悉的，而山区石桥美景因人迹稀少往往被忽视。其实山区存在着大量环境协调美的景观。崇山峻岭中的石桥跨度较大，依山而建，桥基坚固，桥拱高大，气势宏伟；桥下溪流湍急，更显深山桥景的幽静。嵊州的万年桥、隆庆桥、镇东桥、何村桥，新昌的司马悔桥、迎仙桥、上三坑木拱桥，上虞的广济桥等都是环境秀丽的山区美桥。山区建桥就地取材，乱石干砌成拱。迎仙桥、玉成桥等先进的石桥就出在山区。平原地区的石桥拆建、改建的较多，而山区仍然保存大批古石桥。山区石桥景观资源大有开发的价值。

　　园林石桥借景美：在园林中，石桥的交通主导功能已向观赏功能转变。绍兴园林、孔庙、寺堂中的古桥，特别注重石桥之美。作为交通而设的石桥散布于各地，石桥的美学要素也是分散的。园林中石桥可以将众多的美学要素集中起来，人们希望将众多的石桥之美集中起来作为观赏对象的愿望可以在园林设计中得到实现。绍兴东湖风景区就是集中石桥之美的典型，盆景式的东湖奇山怪石，青山碧水，是集中石桥之美理想之地，绍兴一些不同桥型的石桥被移建到这里，重现了那些非拆不可的石桥美景。绍兴常见的马蹄形拱桥、半圆拱桥、石板石梁桥、廊桥、纤道桥、拱梁组合桥都被搬到了景区，错落有致地巧作安排。山水向石桥借景，石桥为景区增色，山、岩、湖、桥协调组合，颇有一步一景的观赏奇效。

　　绍兴城区新开辟的城市广场将始建于宋朝以前的宝珠桥显露出来，使这一国内少见的七折边拱桥成为城市广场的亮丽景点。宝珠桥这一古代文化明珠有了城市广场、府山秀丽配景加以衬托，更为光彩夺目；桥南河道两侧的古仓桥直街修旧维古，使石桥的南向借景保持了古水城的原味，这些都是石桥景观开发的创意力作。让城市中仅仅作为交通设施的石桥变为城市园林中的景观，这也是保护石桥资源的好办法。

　　绍兴有桥型与环境配合技术创造的石桥环境组合美的多种特殊类型：

一是分隔运河和大湖的特长型纤道桥与河、湖组合的水中长桥式的石桥环境美类型。古诗有"山阴道上行，如在镜中游"，就是这种意境。浙东运河纤道桥就属这一类型。

二是拱桥与特长多孔梁桥组合的长桥与宽阔水面配合的长龙卧波式环境美类型，这在国内少见。拱桥为龙头，梁桥作龙身，气贯长虹。这类桥如阮社太平桥。通航高孔梁桥与通水低孔梁桥组合的多跨石梁桥景观也属同一类型。绍兴通称这类桥为"廿眼桥"。

三是拱桥或梁桥与堤梁组合与宽阔水面配合形成的桥景美，这种景观如杭州的苏堤和白堤，绍兴多处大湖上的避塘桥都是这一类型。

四是石砩与拱桥组合的石桥环境美类型。石砩是乱石砌成的下流水、上行人的石堤式过河设施，也可称为石桥的原始形态。石砩上游会形成一个平静的水潭，石砩就是这个水潭的堤坝。当地在有条件时都会在石砩附近建造正式的石桥。这就形成两种过河设施前后组合的景观。如诸暨石砩村永宁桥上游方仍保留着石砩，玉成桥的石砩在桥下游。

五是特殊环境、特殊布局的石桥环境美。如八字桥解决二河三街的通行问题的同时，形成八字落坡、两桥相对、桥屋合理优美组合桥景。三接桥用一墩连三桥，跨三河连三地，三桥三河三村形成特殊的桥景。绍兴历史上曾有五接桥，那是一墩连五桥跨五河连五地的特殊桥景。

六是天然石墩的山区木梁溪桥景观。如新昌东茗乡东岩头村的东岩头桥，就是溪中巨石上置木梁与山溪组合的优美桥景。

七是桥屋桥景。绍兴的桥屋桥有三类：第一类是山区桥屋桥。山区平地少，于是在峡谷溪流上架起20多米宽的石拱桥，桥面平整，桥面两侧建屋，中留通道，如嵊州福德桥；第二类是水乡桥屋桥，都是在石梁桥或石墩木梁桥上架屋，桥屋前为桥上通道，其实这通道才是桥，桥上屋只是桥的附属设施。如绍兴跨龙桥、信公桥等；第三类是廊桥类。新昌上三坑风雨桥是简化式木拱廊桥；绍兴市区的会龙桥是石梁桥上建造的石柱木梁路廊桥，国内仅见，与运河景观组合为优美桥景。

[肆]古代雕刻造型技术创造的桥饰艺术美

石桥的一些附属配套设施，如桥栏、桥亭、桥联、桥碑、桥头建筑等设施的美化加工对石桥的美观有着重要影响。绍兴石桥很讲究这些桥饰的艺术性，绍兴古代的文人雅士、能工巧匠在这些桥饰上曾一展身手，使绍兴古代的绘画艺术、雕塑艺术、文学艺术、设计艺术得到充分的展示。

桥栏艺术：桥栏是桥梁上部结构中一个构件，它既有保护行人安全的护栏作用，又有增加桥梁强度整体组合作用。桥栏由桥栏板、望柱和抱鼓组成。绍兴石桥桥栏注意结构艺术和装饰艺术。一

望柱、桥栏造型

是在桥栏设计上重视桥栏的安全性。绍兴石桥上的桥栏都采用优
质大块的石板，桥栏板与望柱、拱券之间采用榫卯结构安装，坚固
稳定。绍兴广宁桥上的桥栏石长10米，高1米，厚0.5米，约重20吨，
巨石的体量就使人产生安全感，实属少见。二是桥栏与桥梁主体具
有协调性。桥栏的石质与主桥协调，高度与主桥协调，形成结构和
谐的艺术效果，桥栏的造型与主桥相协调。绍兴石桥桥栏造型一种
是长方形栏板按桥型和落坡走势安装，在拱桥上形成桥拱的曲线
和桥栏直线有机地组合；还有一种是桥栏与桥拱成同心圆曲线，每
块桥栏板的曲线与桥拱的相应部位对应，造就整体统一的艺术效

小江桥座式桥栏

果，绍兴城区的题扇桥就属这一桥例。绍兴城区的小江桥桥栏还设有石坐凳，这种石凳式桥栏既实用又美观。三是重视桥栏装饰的艺术性。绍兴石桥的桥栏板、望柱、抱鼓上装饰有多种石雕造型和图案，表达了一定的民俗、民意，这些桥饰石雕都是古代雕刻的艺术品。有代表性的石雕造型和图案有：

龙：石桥上的龙一般是指镇水之龙，是征服雨水、江水能力的象征，是人们对征服自然能力的期望，石桥上雕有龙的图案就是这种期望和自信的体现。绍兴有舆龙桥，表达人们对驾驭江河、战胜自然的期望；各类桥闸结合的闸桥确能起到调节江水的作用，起名化龙桥就有化解水害之意；会龙桥有汇集水源之意；镇龙桥有镇服水害之意；护龙桥有保水源之意；接龙桥有接济、调节水源之意。石桥上各式龙的图案也正表达这种兴水利、除水害的理想。龙的图案有明确的时代特征，一般三爪龙图案都在宋朝以前。绍兴有不少石桥上龙图案是三爪龙，据此可以帮助判断宋朝以前的石桥；桥上雕刻的龙是五爪图案，则可以定为明、清朝代的作品。

兽：绍兴石桥上的桥兽石雕的种类很多。桥狮石雕作为独立的艺术品置于石桥桥头，古人把它作为石桥的守护神，我们可称其为

桥狮造型

镇桥兽。狮作为百兽之王，人们希望桥狮能威镇百兽，威镇四方，战胜各种邪恶，保证石桥的安全永固，所以古代在桥头安装桥狮，举行石桥启用仪式时，都要给桥狮挂红披彩，寄托人们的这种期望。狮这种动物是在唐代从国外引进的，所以镇桥兽不一定都是狮子，我们可以从镇桥兽的不同造型来考证石桥的建造年代和石雕的建成年代，望柱上的石狮、石桥间壁上的怪兽都有明确的时代性。如光相桥间壁上的吸水兽不是狮，也不是龙，应是晋代风格的辟邪。绍兴石桥的动物装饰的时代性可以从当地古建筑石雕、墓道石雕、铜镜图案和陶瓷纹饰中得到印证。绍兴石桥上常见的图案还有：象征吉祥如意的鹿、麒麟、蝙蝠等动物图案，象征八仙的暗八仙图案，象征顺达高升的鲤鱼跳龙门图案等。

装饰图形：绍兴石桥的石桥栏、望柱、抱鼓的装饰图形有立体造型石雕和图案浮雕等类别。石雕图案有花草图案、动物图案、人物图案、民俗图案、抽象图案等。望柱顶部都有独立的造型，桥柱首石雕有狮、象、怪兽、莲心、荷花、圆球、几何块面造型等，桥柱首石雕为象的，仅见于新昌皇渡桥。莲荷图形是一种常见美术图形，绍兴多莲荷，莲荷是人们喜爱的图形，荷花出污泥而不染，把它装饰在石桥上，具有意识上的圣洁之美。荷莲图案又与佛教相关，佛教传入绍兴大约在晋代，佛教莲花图案有其时代特征，所以考证石桥上莲花图案的特征和风化程度可以对石桥的年代作出判断。绍兴

望柱造型

抱鼓造型

石桥上的各类花草纹、云雷纹、回形纹、万字流水纹、绶带纹、暗八仙纹等都有其特定的含义和特定的时代造型。如万字纹表示万世长远、吉祥欢乐之意；绶带纹因"绶"与"寿"同音含长寿之意，唐代铜镜中有双凤含绶镜，即为此意；云雷纹、回形纹等纹饰原为春秋战国时代的纹饰，以后各代均有应用，但风格不同。所以说，绍兴石桥的石雕装饰是历代雕塑艺术的大展示，可以从各种纹饰的时代特征推断它的历史年代。

桥亭：绍兴石桥桥头常建有桥亭。桥亭既有供过往行人歇息的功能作用，又有美化石桥，平衡石桥布局的作用。桥亭有它的自身功能，所以它是功能型的桥头建筑。石桥的桥亭大多为石亭，建筑材料质地协调。石桥亭造型美观，与石桥同龄。石桥、石亭、石板路形成绍兴古代优良的石质陆路交通体系。绍兴古代桥亭有义务施茶、为民服务的传统。绍兴古代著名桥头茶亭有：画桥茶亭、洗履桥茶亭、范家店隆兴桥茶亭、八仙桥茶亭、大木桥茶亭、武勋桥茶亭、望江桥茶亭、清道桥茶亭、舍子桥茶亭等。这些茶亭不仅有石桥配景之美，也体现出乐善好施的社会公德之美。绍兴现存石桥亭有：泗龙桥桥亭、蜈蚣桥桥亭、寨口桥桥亭等。嵊州原有路亭、桥亭1226个，1990年存362个，残存106个。

牌楼：绍兴有不少石桥在桥头立有石牌楼，如上虞丰惠的丰惠桥前设有石牌楼，为透雕石刻。石桥的牌楼建筑是桥头建筑的最高

忍三分心气和平

退一步天宽地阔

桥亭对联

规格，造有牌楼的石桥均非同一般，通常不是通向衙门的桥，就是名人造的桥，还有的是皇上降旨造的桥，所以说，绍兴石桥桥头设置牌楼既增加了石桥的美感，又增加了石桥的威严。绍兴石桥的石牌楼采取浮雕、透雕多种石雕手法，艺术水平较高，所以石桥牌楼在石桥美学中属于艺术型的桥头建筑门类。

桥碑：石桥桥碑有多种类型，一种是纪念型桥碑。这类桥碑是桥建成后，立碑桥头，记述桥史和建桥、修桥过程。如广宁桥、太平桥、洋江大桥、新昌大庆桥都有这类桥碑。还有一种是名人题写桥名和其他特定碑文的桥碑。这种桥碑也可称为借景型桥碑，是石桥的一道景观。如小江桥的"永作屏藩"碑，桥碑上高超书法、优美碑文是桥梁美学的重要元素。

石桥营造技艺的价值和保护传承

石桥营造技艺是中国古代建筑科技的综合体现，其中很多的创造发明证明中国古石桥营造技艺在历史上具有世界级的水平。这份宝贵的遗产要世世代代传承下去。

石桥营造技艺的价值和保护传承

[壹]绍兴石桥营造技艺的价值

绍兴石桥技艺有着深厚的文化底蕴，又具有极高的美学价值和学术价值。

一是石桥营造技艺的创造发明科学技术价值。位于新昌县拔茅镇桃树坞村旁，始建于清代初期，我国最早的椭圆形悬链线拱干砌石拱桥——迎仙桥、玉成桥被誉为"科技文物"。迎仙桥建桥至今已逾三百年，依然保存完好，牢固无损。前几年有关部门学者对此桥作了实地检测，实测数据与标准的悬链线拱数据基本一致，可见绍兴在明、清时代就开始应用这一先进的桥梁科技，这实在是一项惊人创举，是绍兴石桥技术的精华。这项石桥技术的发现，确定了我国独立创造悬链线拱技术在世界石桥史上的科技地位。

二是石桥营造技艺在交通实用上的价值。绍兴石桥梁结构布局考虑到行人、车辆的通行需要，又考虑到桥下通航需要、纤道设置需要，还考虑到排水需要，如八字桥、浪桥、太平桥等石桥结构都是满足多种交通需求的，实用上较为典型。三江闸有防洪功能；纤道桥为纤夫拉纤提供方便；再如八字桥解决三条河、三条街交叉的复杂交通问题的需要，巧妙设计；广宁桥、融光桥、太平桥、泾口大桥的桥孔下有纤道，形成了互通立交，解决了桥孔下陆路的通行问题，并成为古代最早发明立交桥的国家。这些石桥营造技艺的发明创造，使石桥在交通上实现了更多的实用价值。

三是艺术欣赏价值。绍兴的能工巧匠们在桥上精心雕刻动植物、山水景观、几何图形等桥饰，提高了石桥的观赏价值。石桥上除了动植物、图案纹样外，还有一种重要艺术形式，这就是书法。绍兴是书法之乡，在不少桥刻上也展现了不少书法名家的艺术价值，体现了绍兴书法之乡的这一地方特色。现存八字桥、光相桥、太平桥、谢公桥、永嘉桥、迎恩桥等石桥、名桥上均有石刻书法，且都是刀法遒劲，结构工整，富于线条感和雄沉感。又如各种类型的折边石拱桥、椭圆形石拱桥，曾入五代、唐代古画；宋苏东坡诗中赞赏了会稽马蹄形石拱桥，这些均提供了石桥发展的信息，使无生命的桥成了有感情、有生命力的实体。

四是学术研究价值，即绍兴石桥独特的造型工艺。绍兴石桥营造技艺不仅品类多而齐，而且许多还取得了国内"桥梁技艺之最"的称号，如被誉为中国最早的桥，即天下第一桥的百官桥；被称为中国现存第一座最古的城市桥梁的八字桥；我国现存始建年代最古的石拱桥光相桥；仅存于绍兴的榫卯链锁结构的七折边拱桥；我国建造最早的悬链线拱桥，有新昌迎仙桥和嵊州市玉成桥等。这使得绍兴石桥科技成就在石桥学术史上大放光彩。绍兴有一大批专家、学

者潜心研究，先后发表、出版了诸如《绍兴桥文化》、《绍兴古桥》、《嵊州桥梁图志》、《绍兴古桥掇英》、《绍兴古桥文化》等书籍，此外，绍兴的石桥营造技艺还有大量的学术价值等待着我们去发掘、去发现。

绍兴石桥技艺涉及广义文化的方方面面。众多的绍兴石桥技艺在历史上由于它的多重功能，使它在绍兴的交通运输、政治经济、思想道德、风情民俗、科学技术、文化艺术等方面衍生出了广泛的文化内涵，绍兴石桥营造技艺在古代得到多层次的开发。今天石桥的交通功能已经不断退化，但石桥营造技艺文化的许多衍生内容现在仍然有利用价值，需要深入发掘。石桥营造技艺资源与其他文物遗产资源一样可能失传，是不可再生资源。我们要提高对石桥营造技艺非物质文化资源价值的认识，让这一石桥资源得到充分开发，世代传承，让石桥文化这一历史文化精华得到不断弘扬。

绍兴石桥营造技艺价值的开发具体包括：

1. 石桥民俗风情价值开发

修桥民俗价值："修桥、铺路、造凉亭"历来是我国民间的一项优良的道德传统，在历史上，为这项公益事业尽义务已是民间不成文的乡规民约。修桥、造桥关系到每个人的切身利益，所以古代修桥、造桥往往是地方重大的公益事业，有地方长官牵头的，也有地方名流牵头的，而修建经费大多由民间自发捐助。发起人组织桥会是实施这项事业的组织形式，桥会负责向社会筹措建桥资金、组织桥梁施工，桥建好后，桥会又是修桥、护桥的常设机构。民间义务修桥民俗千百年来已成为中华民族的优良传统，新中国成立后，用"民工建勤"的法规形式把这项民族传统继承了下来，这一道德文化的价值将千古流传。

石桥婚俗民俗价值：这种石桥婚俗民俗虽然现在民间已不存在，但在石桥名胜游览景区中，可以作为一项旅游活动项目加以开发利用。桥梁具有联结两岸的沟通功能，这种功能在我国民俗中用来象征性地表达男女两性之间的爱情、婚姻及性的交涉。这就是桥会男女的民俗。早在《诗经》中，就有桥会男女的隐喻，男人名字中多桥字就是这种隐喻的表达。古代绍兴城里的女子出嫁要过三座桥，这三座桥就是福禄桥、万安桥、如意桥。一是为图吉利、示瑞祥，二是表达过桥联姻之意，这种民俗可以开辟为民俗风情旅游项目。

廊桥、水阁的社会活动民俗：绍兴的廊桥、水阁、水上桥式戏台过去是开店、聚会、演戏等社会活动的重要场所。桥上过往行人众多，是开展各类社会活动的极佳场所。绍兴水乡社戏的戏台不少设在水边，观众在戏台对面的桥上和台前的水面上乘船看戏。鲁迅《社戏》一文中展示的就是这种景观，绍兴柯岩风景区中再现这种民俗景观，所以这种廊桥、水阁、水上桥式戏台与石桥组合景观可以作为绍兴特色的旅游资源，加以开发利用。

建桥记功桥俗：桥边立桥碑记载建桥、修桥人的功绩有利于弘扬全社会热心公益事业的美德，为后代留下建桥史料。

桥市习俗：古代桥头往往是集市、社交、乘凉、聊天、游览的场所，现代桥梁就不存在这些功能，所以说，石桥的桥市习俗仍有社会活动的开发价值。如东浦镇的石桥桥谚集中反映了桥市习俗："说东道西大木桥"——是指大木桥是社交、乘凉、聊天的场所；"欢天喜地跨新桥"——新桥边是婚庆喜事商品的集市；"吹吹打打薛家桥"——薛家桥又称瑞安桥，桥侧弄内多说唱艺人；"买鱼买肉过洞桥"——洞桥即大川桥，桥两侧为鱼肉集市；"求医治病西巷桥"——昔日桥西有中医诊所；"哭哭啼啼过庙桥"——当地有为去世者到桥头兴福庙"烧庙头纸"的习俗；"上城坐船马院桥"——马院桥头是当地的水上交通码头；"东浦老酒越浦桥"——越浦桥边是东浦老酒市场。

2. 城市石桥价值开发

桥在历史上对集镇、城市的形成过程中起过促进城市开发的作用，绍兴的许多重要石桥都发挥过集市价值、关津价值、交通驿站价值、码头集散价值。古代许多贸易集市、军事关隘、征税关津都设在古桥边，所以说，石桥促进了古代城镇的形成和发展。然而，现在古石桥的交通功能虽然已经退化，但古石桥对城镇开发价值的历史经验仍然在起作用。

　　南宋原来打算建都绍兴，只因钱塘江上无法架桥，交通不便，被迫建都杭州。现在杭州为了城市开发，已在钱塘江上建起了10座大桥；宁波为了城市开发，已建跨海大桥；为了开发绍兴城市建设，罗关洲提出的建设绍兴跨钱塘江大桥，目前已建成，这些都是石桥营造技艺促进城市发展的历史见证。

　　3. 石桥文物考古价值开发

　　绍兴石桥营造技艺的考古价值还有大量的内容没有被发现。绍兴石桥营造技艺品类齐全，历史悠久，技艺高深，数量众多，大有深入发掘的潜力。中国石桥营造技艺在世界石桥梁技术史上一直处于领先地位，那些珍贵的非物质文化遗产也保存至今。高超的石桥营造技艺让不少石桥以其优良石质，千年留存，这是中华民族的荣耀。目前，绍兴已将一大批石桥列为各级文物保护单位，也还有大量的石桥需要我们运用高科技，及多种考古途径对它们进行考察、研究，从而进一步发掘更多的石桥营造技艺及其价值。

　　据宋嘉泰《会稽志》中载，现存绍兴桥中有23座古石桥，经历代重修，虽基本保持了原型，保留了原建石料和构件，但还是需要根据这些石桥的营造技艺，经过科学认定来确定石桥的年代。绍兴石桥营造技艺申报世界非物质文化遗产的潜力十分巨大，为达到这一目标，在石桥考古方面要按世界文化历史遗产的标准做好多方面的工作：一是确定一批有申报成功希望的石桥，列为重点文物保护对象

和重点考古研究对象；二是落实研究班子和研究经费；三是用先进的科技对石桥的桥桩进行C14检测，以确定桥桩年代；四是对始建时保存于现存石桥中的各种材料进行年代测定，确定石桥的始建时代；五是从桥型结构、石桥石刻、石桥部件的时代特征提供石桥年代的旁证；六是寻找石桥考古的文字依据；七是保护石桥的周围环境，拆除石桥上和石桥周围的违章建筑。当前可作为申报世界文化历史遗产的重点考古研究的石桥共有30座，其中绍兴市区和绍兴市柯桥区的有23座，其他县7座，具体为：

纤道桥：已列为全国文物保护单位，范围包括浙东运河边的全部纤道和纤道桥，系国内最长的纤道和纤道桥，唐代文物。

八字桥：已列为全国文物保护单位，国内最古的城市桥梁，宋代文物，有可能考证为宋代以前石桥。

广宁桥：已列为全国文物保护单位，宋嘉泰《会稽志》有载。古代立交桥，世界上最长、最大的古七折边拱桥，有可能考证为宋代以前石桥。

光相桥：已列为全国文物保护单位，宋嘉泰《会稽志》有载。始建于晋代，桥拱为宋代以前结构，有可能考证为国内现存最古的半圆拱桥。

谢公桥：已列为全国文物保护单位，宋嘉泰《会稽志》有载。始建于晋代，有可能考证为国内现存最古的七折边拱桥。

宝珠桥：已列为市级文物保护单位，宋嘉泰《会稽志》有载。始建于宋代以前，国内仅存的四座七折边拱桥之一。

拜王桥：宋嘉泰《会稽志》有载，唐代已存在，国内仅存的五座五折边拱桥中有文字记载的最古的一座。已列为全国文物保护单位。

题扇桥：宋嘉泰《会稽志》有载，半圆形拱桥，因与王右军题扇的典故有关。

还有西跨湖桥、东双桥、大庆桥、龙华桥、纺车桥、府桥、锦鳞桥、虹桥等。

不少国家有民间的石桥保护和研究组织，对石桥的考古和保护发挥很大的作用。绍兴也要动员多方面的力量来保护古桥，建立石桥的保护和研究体系，让石桥的文化价值得以进一步拓展。

4. 石桥旅游观赏价值开发

绍兴石桥多年来因建设和通航需要被大量拆除，十分可惜。与其他文物一样，石桥也是不可再生资源，所以有价值的石桥能不拆的尽量不拆，确实要拆的，可移建他处作为旅游资源。要体现石桥的旅游观赏价值要做多方面的工作：一是按旅游线路将石桥组合成石桥专项旅游项目，也可以将石桥穿插在其他旅游项目中，成为其中的组成部分。有的旅游景区按古石桥营造技艺移建、仿建了一批石桥，形成了集中观赏石桥形态的景观。如绍兴柯岩风景区的"五桥步月"景观就是一个成功的范例。二是将石桥观赏实体进行整体包装。石桥作为一个建筑美学的实体，有旅游观赏价值、摄影创作价值、美术创作价值、文艺创作价值。许多石桥摄影师、石桥写生者到石桥边搞创作，常因石桥边有破坏美观的物件而难以入手。石桥要体现它的美学价值就必须清除石桥周围破坏美观的物件，如厕所、各类附设在石桥上的管道、各类违章建筑、各类阻挡视线的物件。要禁止在供旅游观赏的石桥上晾晒衣服棉被。作为旅游景点的石桥，要为旅游者、摄影者提供固定和活动的多角度观赏点。绍兴石桥在几百部电影、电视中被收作场景。绍兴石桥的旅游观赏价值要通过宣传介绍，将石桥美学的直观价值与人文价值结合起来，加以深度开发，让石桥为绍兴增光，让绍兴石桥走向全国、走向世界。

5.石桥的科学技术价值开发

许多人认为现代桥科技远远超过了石桥技术，石桥科技没有研究的必要了，这其实是一种误解。前人创造的科技成果并非都为今人所掌握，桥科技仍然需要深入研究。像如今高科技的悬索桥就是从古代悬索桥研究中发展起来的。石桥中的拱桥、折边桥的力学原理仍然在现代桥梁中应用。现代砼桥梁的寿命不过百年，真正长寿的桥梁是石桥，优良的石质和科学的结构能使石桥千年长存。现在有的地方在修理石桥时，破坏了石桥科学的力学结构，用砼重新构筑，用水泥贴上原桥表面的石块，这实际上是不懂石桥的科学技术，本意想通过维修延长石桥寿命，结果只会缩短石桥寿命。石桥结构技术、古石桥榫卯结构技术、干砌技术、桩基技术的创造发明可确立中国石桥在世界石桥史上的地位。古石桥营造技艺在现实中仍有特殊条件下的应用价值。

[贰]石桥营造技艺的传承人

"石桥营造技艺"大多以口传心授的方式进行传承。然而，随着社会的发展和经济的繁荣，各种现代建筑桥梁层出不穷，虽有仿古桥梁建设，但由于石桥营造成本高，工艺繁杂，一般建筑公司不愿承建。运用传统的石桥营造技艺建造的石桥，没正式的监理机构和验收机构，所以少有用武之地。这使得绍兴石桥营造技艺的工匠更是后继乏人，传承保存绍兴石桥营造技艺迫在眉睫。

绍兴古代较为著名的石桥工匠有：

丁天松：清代，建有代表性石桥：迎仙桥、丁公桥。

毛文珍：清代，建有代表性石桥：西跨湖桥。

周大宝：清代，建有代表性石桥：古虹明桥。

因绍兴石桥建筑设计专家、石桥建筑工程师较难选择介绍，本书仅从非物质文化遗产的角度介绍两位代表性传承人：

张月来：绍兴石桥营造技艺的市级代表性传承人，石桥建筑工程师，1950年出生，师承桥技家骆宝，擅长仿古桥梁的建造。1968年春开始学石工手艺。1969年开始，在祖辈传授下学习石桥建造技术。1976年，在基本掌握祖辈传授石拱桥建造技术，掌握绍兴水网地带软土地基按古桥传统工艺建桥的全套工艺后，独立设计和施工建造多种传统工艺的石桥。准确掌握不围堰，直接带水操作打桥桩技术，以及各式桥基、桥墩、桥台、榫卯部件、链锁桥拱部件加工、安装技术。建造传统工艺桥梁100多座。全面系统完成水乡传统古桥技艺建造桥梁的少数传承人之一。已带徒传承数人。从事古桥传统工艺的建桥事业从未间断，一直至今，现就职于绍兴市诚信建工公司。张月来得到绍兴石桥营造传统技艺的系统传承，为《绍兴古石桥营造技艺和保护措施研究》课题、《绍兴古石桥营造技艺》专著提供了古桥营造技术知识和实际操作要领，通过书面传承、口头传承和制作桥模，义务传授了绍兴古桥营造技艺。参加中国古桥研讨会，在更大的范围传授古桥非物质文化遗产。张月来多年来共建造传统工艺桥梁100多座，主要代表作品：

1. 在绍兴"运河苑"的"古桥遗存"景区中，完成传统工艺桥梁的设计、施工。建有石排柱石梁桥、拱梁组合桥、折边拱桥等多桥型的传统工艺的仿古桥梁。

2. 在萧山湘湖建造传统工艺的五孔仿古石拱桥。

3. 设计、建造杭州紫荆江船闸双跨10米石拱桥。

罗关洲：绍兴石桥营造技艺的市级代表性传承人，1945年出生。茅以升科教基金会中国古桥研究委员会副主任，享受国务院特殊津贴专家，茅以升科教基金会绍兴古桥研究中心秘书长，绍兴市古桥学会秘书长、法人代表，为"石桥营造技艺"申报国家级非物质文化遗产的主要参与者之一。曾为浙东运河边的"运河苑"的"古桥遗存"景区、绍兴市柯桥区鉴湖景区的仿古桥梁作总体设计，为湘湖景区仿古桥梁设计方案担任过专家评审成员。以他为主承担《中国古桥研究》、《绍兴古桥研究》、《绍兴古石桥营造技艺和保护措施研究》等国家级、省级、市级课题的研究工作。罗关洲发现古代悬链线石拱桥系列，这项悬链线石拱桥技术研究成果填补了中国古桥技术史的空白。自费创建了"中国桥文化"网站。主要研究著作有《绍兴桥文化》、《绍兴古桥文化》、《绍兴古桥掇英》。与丁大钧、屠剑虹联合发表2万字的《绍兴古桥》论文，刊登在世界工程核心刊物法国《工程桥梁》杂志上，介绍绍兴石桥营造技艺。

绍兴市古桥学会著书立说传承石桥营造技艺的还有陈国桢、屠剑虹、夏祖照、袁开达、吴齐正等。

[叁]石桥营造技艺的保护传承工作

2009年，"石桥营造技艺"被列入国家级非物质文化遗产名录后，绍兴市结合绍兴实际，制定了《石桥营造技艺十一五期间保护规划》和《石桥营造技艺十二五期间保护规划》，这些规划的制定加大了对"石桥营造技艺"的扶持力度，为绍兴石桥营造技艺的保护与传承开展了如下工作：

第一，建立"石桥营造技艺"专家指导组。以绍兴市古桥学会的专家为主，聘请省级、国家级专家参与研究"石桥营造技艺"保护、传承和发展事项，对"石桥营造技艺"的历史渊源进行全面考证，全面发掘石桥技术的发明创造。此外，根据绍兴石桥现状，对全市石桥做了全面普查，并对已查明的绍兴现存的700多座古石桥，按不同年代建立图文档案。

第二，举办石桥营造技艺展览，制作大型古桥科普图板60块，在绍兴非物质文化遗产馆展出，展示石桥营造技艺的历史沿革、实物图片、研究成果以及与之相关的其他物件，从而让更多的市民了解绍兴的石桥营造技艺，使之得到有效的保护和传承。同时，为更好地宣传绍兴石桥营造技艺，制作可拆装的三孔石板墩石梁桥木模一座，单孔半圆链锁结构石拱桥一座，七折边拱桥桥模一座，与绍兴石桥图片展览同时展出。可拆装桥模是石桥营造技艺传承的实物教材，在目前国内的石桥展品中，还未见过此种形式。

第三，罗关洲创办了"绍兴古桥学会"民间古桥研究团体，为"石桥营造技艺"这一国家级非物质文化遗产的传承作出了积极的贡献。另外，还自费创建了"中国桥文化"网站（网址：www.cnbridge.net），通过网络传播，宣传石桥营造技艺的相关知识，还与其他古桥学者在石桥研究中新发现古变截面石拱桥、古变幅拱石拱桥、半圆拱与折边拱组合拱桥，为中国石桥营造技术史增加了有价值的科技内容。此外，以罗关洲为主完成了《绍兴古石桥营造技术的保护措施研究》市级科研课题，并撰写在绍兴、新昌、嵊州发现的四座填补中国石桥营造技术史空白的悬链线拱古桥实测数据科研报告，在第四届中国古桥研讨会上发表；参加完成《中国古桥研究》国家级课题；撰写列入国家出版局"十二五计划"的《中国桥梁史》中国古桥技术卷，对中国石桥的非物质文化遗产进行全面系统整理。

第四，为了让广大市民更好地了解绍兴石桥营造技艺，组织有关研究人员制作石桥照片光盘《中国石桥》、音像资料光盘《绍兴百座名桥》和《绍兴石桥营造技艺》等。

今后实施保护的有关计划如下：

1.建立健全相关组织机构

（1）成立工作班子。成立以石桥营造技艺项目保护责任单位为主体，包括石桥营造技艺各级代表性传承人、市"非遗"保护工作领导小组成员、市"非遗"保护工作业务部门工作人员和市相关专家的工作班子，负责石桥营造技艺保护工作的施行，切实做好石桥营造技艺保护工作。

（2）建立石桥营造技艺专家指导组。以绍兴市古桥学会的专家为主，对石桥营造技艺的历史渊源进行全面考证，制作各系列的石桥技术模型，全面发掘石桥技术的发明创造，完成国家"指南针计划"古桥专项中有关绍兴古桥的创造发明的发掘和展示任务。

2.加大传承力度，开展古桥保护活动

（1）在市、镇（街道）、村（社区）建立三级传承和保护网络体系。在市级层面组建一支高水准的石桥建造和保护队伍，作为石桥营造技艺传承的品牌象征，达到全国一流水平。各县（市）也组建一支石桥建造和保护队伍，从而在本地起传承和保护作用。

（2）建立石桥营造技艺的技艺展馆，将石桥建造技艺的历史沿革、传承谱系、实物图片、研究成果和与之有关的其他物件集中展示，让更多的参观者了解绍兴石桥。

（3）整治石桥环境，开设石桥旅游专线，扩大影响。

3.设立培训基地

基于石桥建造技艺的复杂性、稀缺性，积极争取与国家相关单位协作，在绍兴设立国家级石桥建造技艺培训基地，制定石桥建造技艺的技术标准，经相关部门考核，取得合格证书。

4.多层次多渠道筹集资金，加大投入力度

走政府主导、社会参与、市场运作之路，加大对石桥建造技艺研究和保护的投入。多渠道争取一定数量的专项资金，用于石桥建造技艺传承基地建设、传承人培养、石桥建造技艺研究、举办展览、国际交流、出访等。

参考书目

1. 罗关洲著：《绍兴古桥文化》，商务印书馆

2. 钱茂竹、罗关洲著：《绍兴桥文化》，上海交通大学出版社

3. 罗关洲著：《绍兴古桥掇英》，浙江人民出版社

4. 《绍兴市志》，浙江人民出版社

5. 屠剑虹著：《绍兴古桥》，中国美术学院出版社

6. 陈国桢著：《上虞古桥》，研究出版社

7. 袁开达著：《嵊州桥梁图志（古桥）》，天马出版公司

后 记

　　绍兴石桥营造技艺是中国古桥学的重要分支学科，是包含多学科知识的综合性专项门类的边缘学科。2008年6月，绍兴石桥营造技艺被列入第二批国家级非物质文化遗产名录。为保护绍兴石桥营造技艺这份珍贵的非物质文化遗产，本书根据"浙江省非物质文化遗产代表作丛书"编纂委员会制订的编纂出版方案的要求，讨论拟订编纂方案和撰写提纲，组织专家认真编写。本书所展示的绍兴石桥营造技艺只是部分常识性的内容，用现代科技理论全面、系统、深入分析研究绍兴石桥营造技艺还有待石桥学者共同努力，期待有更多的石桥营造技艺研究的专著面世。

　　绍兴石桥的一批研究者，凭借深厚的文化积累和对绍兴石桥的独到理解，倾注大量心血，还原了古桥营造技艺的部分历史面貌。一批石桥技艺的传承者，在仿建古桥中坚持传承石桥技艺。在现代桥梁技术大量使用的今天，现存古桥的修复已经出现难题，保护传承传统的石桥营造技艺，难度很大。绍兴市文广局通过确定传承基地、代表性传承人等手段，加强对这一项目的保护。同时，还联合有关建筑单位，在古桥修复、石桥新建中使用传统技艺，推动此项目的保护工作落实。

　　最后，向为本书提供指导的茅以升科技教育基金会、中国古桥研究委员会的古桥专家，向张月来等石桥营造技艺传承人，向绍兴古桥学者屠剑虹女士，向省"非遗"保护专家都一兵老师，向为本书提供各方面帮助的同仁表示感谢。本书使用照片的原作者一时未查明的，请与我们联系。

编委会

本书编委会名单

主　　编：杨志强
副主编：胡华钢
　　　　范机灵
　　　　吴双涛
编　　委：俞　斌
　　　　张彩霞
　　　　褚米兰
　　　　陈　晓

责任编辑：潘洁清

装帧设计：任惠安

责任校对：程翠华

责任印制：朱圣学

装帧顾问：张　望

图书在版编目（ＣＩＰ）数据

石桥营造技艺 / 杨志强主编；罗关洲，陈晓，陈国桢编著. — 杭州：浙江摄影出版社，2014.1（2023.1重印）
（浙江省非物质文化遗产代表作丛书 / 金兴盛主编）
ISBN 978-7-5514-0504-1

Ⅰ.①石… Ⅱ.①杨… ②罗… ③陈… ④陈… Ⅲ.①石桥—建筑艺术—绍兴市 Ⅳ.①TU-092.2

中国版本图书馆CIP数据核字（2013）第280131号

石桥营造技艺

杨志强　主　编　罗关洲　陈　晓　陈国桢　编著

全国百佳图书出版单位
浙江摄影出版社出版发行
地址：杭州市体育场路347号
邮编：310006
网址：www.photo.zjcb.com
经销：全国新华书店
制版：浙江新华图文制作有限公司
印刷：廊坊市印艺阁数字科技有限公司
开本：960mm×1270mm　1/32
印张：7
2014年1月第1版　　2023年1月第2次印刷
ISBN 978-7-5514-0504-1
定价：56.00元